U0457180

体育场馆大型钢结构建造关键技术

TIYU CHANGGUAN DAXING GANGJIEGOU
JIANZAO GUANJIAN JISHU

戚 豹 窦和潮 著

江苏大学出版社
JIANGSU UNIVERSITY PRESS

镇 江

图书在版编目(CIP)数据

体育场馆大型钢结构建造关键技术 / 戚豹，窦和潮著. -- 镇江：江苏大学出版社，2024. 12. -- ISBN 978-7-5684-2380-9

Ⅰ. TU245.1；TU758.11

中国国家版本馆 CIP 数据核字第 2024JQ8919 号

体育场馆大型钢结构建造关键技术

著　者/戚　豹　窦和潮
责任编辑/许莹莹
出版发行/江苏大学出版社
地　　址/江苏省镇江市京口区学府路 301 号(邮编：212013)
电　　话/0511-84446464（传真）
网　　址/http://press.ujs.edu.cn
排　　版/镇江市江东印刷有限责任公司
印　　刷/江苏凤凰数码印务有限公司
开　　本/710 mm×1 000 mm　1/16
印　　张/8.5
字　　数/139 千字
版　　次/2024 年 12 月第 1 版
印　　次/2024 年 12 月第 1 次印刷
书　　号/ISBN 978-7-5684-2380-9
定　　价/48.00 元

如有印装质量问题请与本社营销部联系（电话：0511-84440882）

目 录

第1章 绪论

1.1 行业背景

空间网格结构主要包括网架、网壳和管桁架结构。近年来，随着我国美丽城市、美丽乡村建设进程的不断推进，网架、网壳、管桁架等空间网格结构凭借节点形式简单、结构外形简洁流畅、刚度大、几何特性好、施工方便、节省材料和工期短等优势，特别是其在异形结构的设计与建造方面展现出的良好适配性，在我国公共建筑中的应用越来越广泛。与此同时，我国装备制造业的迅猛发展，以及数控切割、数控加工设备的普及，也对空间网格结构的快速推广起到了促进作用。

空间网格结构在我国钢结构工程中的应用占比越来越高，尤其在大型体育场馆、铁路大型综合枢纽、展览建筑工程和城市大型综合体等项目上的应用方面具有显著优势。

空间网格结构具有以下优点：

（1）节点形式简单。空间网格结构采用杆件和节点连接而成，造型美观，在设计合理的情况下不会出现较大的球节点，因而具有简洁、流畅的视觉效果。

（2）刚度大，几何特性好。空间网格结构钢管的管壁一般较薄，截面回转半径较大，故抗压和抗扭性能好。

（3）施工简单，节省材料。空间网格结构由于在节点处摒弃了传统的连接构件，而将各杆件直接焊接或采用球节点和支座节点的形式，因而具有施工简单、节省材料的优点。

（4）有利于防锈与清洁维护。空间网格结构的钢管和大气接触的表面积小，易于防护。在节点处各杆件直接焊接或与球节点焊接，避免了难以清刷油漆、死角或凹槽积留湿气及大量灰尘的问题，维护更为方便。管形构件在全长和端部封闭后，内部不易生锈。

（5）圆管截面的空间网格结构流体动力学特性好。圆管截面承受风力或水流等荷载作用时，所受的影响比其他截面形式结构的影响要小得多。

（6）造型丰富。空间网格结构可以建造出各种体态轻盈的大跨度结构，如会展中心、航站楼、体育场馆或其他一些大型公共建筑，应用广泛。

目前，针对空间网格结构建造技术的研究已经比较普遍，但由于涉及有限元分析和非线性分析，内容相对比较复杂，如果仍然采用传统的线性分析方法，将无法准确模拟空间结构的施工过程，从而导致分析结果与工程实际相差较大的问题，进而出现不必要的工程隐患。开展空间网格结构施工阶段分析与应用，可以综合考虑分区施工、气温变化、支座沉降、结构分步施工等因素对钢结构施工过程的影响，为空间网格结构的施工提供依据，同时可以更大限度地提高工程建设质量、节约工程建设成本、缩短工程建设工期、保障工程施工安全。

1.2 空间网格结构的发展

1.2.1 国外空间网格结构的发展

根据 J. Puxs Lou 1851 年对水晶宫所做的力学分析，空间网格结构有两个特点：一是从传统的拱式结构转变为由梁式桁架和支撑组合而成的空间结构；二是由插销式锚固形式转变为采用铸铁连接件，使得变通性很大的空间网格结构得以实现。19 世纪末，大跨度建筑虽然多数为并列的拱形结构，但它开拓了钢结构由三维刚架向网壳发展的道路。具有代表性的有 Schwedler 设计的"煤气罐"结构（直径 40 m）、万文馆（直径 16 m）等。21 世纪初，G. Belle 提出了空间桁架结构，Wachsmaml、Puller 等指出了该结构的工业化发展前景，随后多种节点方案的提出，使空间网格结构因具有较多优势而在现代结构中得到了普及。

1.2.2 国内空间网格结构的发展

20 世纪 50 年代后期，以杆件组成的空间网格结构崭露头角。此时的空间网格结构分为两种，即平板形空间网格结构和曲面形空间网格结构。平板形空间网格结构又称网架结构，曲面形空间网格结构又称网壳结构。例如，首都机场四机位机库采用了网架结构，1956 年建成的天津体育馆采用了双层球面网壳结构，它们都是国内空间网格结构的典型代表。而第一个平板网架结构是 1940 年由德国建造的，如今其传统的肋环型穹顶已有 80 多年的历史。

在众多形式的空间网格结构中，网架结构是近半个世纪以来在国内得到推广和应用最多的一种结构。网架结构是以多根杆件按照一定规律组合而成的网格状高次超静定结构，其杆件可以由多种材料制成，如钢、木、铝、塑料等，以钢制管材和型材为主。20 世纪 60 年代，计算机技术的发展和应用解决了网架结构力学分析的困难，促进了网架结构的迅速发展。

网壳结构的出现早于平板网架结构。中国第一批具有现代意义的网壳结构是在 20 世纪 50—60 年代建造的，其数量不多。当时，柱面网壳大多采用菱形"联方"网格体系，其典型代表为 1956 年建成的天津体育馆钢网壳（跨度为 52 m）和 1961 年同济大学建成的钢筋混凝土网壳（跨度为 40 m）。球面网壳主要采用肋环型体系，其典型代表为 1954 年建成的重庆人民礼堂半球形穹顶（跨度为 46.32 m）和 1967 年建成的郑州体育馆圆形钢屋盖（跨度为 64 m），它们是当时仅有的两个规模较大的球面网壳。自此以后到 20 世纪 80 年代初期，网壳结构在我国没有得到进一步的发展。

相对而言，网架结构自国内第一个平板网架（上海师范学院球类房，31.5 m×40.5 m）于 1964 年建成以来，在我国一直保持较好的发展势头。例如，1967 年建成的首都体育馆采用了斜放正交网架，其矩形平面尺寸为 99 m×112 m，厚度为 6 m，采用型钢构件，利用高强螺栓连接，用钢指标 65 kg/m²（1 kg/m² 约为 9.8 Pa）。1973 年建成的上海万人体育馆采用了圆形平面的三向网架，直径为 110 m，厚度为 6 m，采用圆钢管构件和焊接空心球节点，用钢指标 47 kg/m²。当时，平板网架在国内还是全新的结构形式，这两个网架规模都比较大，即使在今天来看仍然具有代表性，因而对工程界产生了很大影响。当时在体育馆建设强需求的激励下，国内高校、研究机构和设计部门对这种新结构建设投入了许多力量，专业的制作企业和安装企业也逐渐成长，为网架结构的进一步发展打下了坚实的基础。改革开放以后的十多年时间是我国空间网格结构快速发展的黄金时期，而平板网架结构就顺其自然地处于捷足先登的地位。20 世纪 80 年代后期，北京为迎接 1990 年的亚运会兴建了一批体育建筑，其中的大多数建筑仍采用平板网架结构。这一时期，网架结构的设计已普遍使用计算机，生产技术也获得很大进步，所以建筑工程中开始广泛采用装配式的螺栓球节点，大大加快了网架的安装速度。

随着经济和文化建设需求的扩大以及人们对建筑欣赏品位的提高，设计者越来越感觉到在设计各式各样的大跨度建筑时，结构形式的选择余地有限，无法满足人们对建筑功能和建筑造型多样化的需求，但这种现实需求对网壳结构、悬索结构等多种空间结构形式的发展起到了良好的促进作用。网壳结构由于与网架结构具有相同的生产条件，因而在国内已具备现成的建设基础。20 世纪 80 年代后期，网壳结构相应的理论储备和设计软件等条件初步完备，所以开始了在新的条件下的快速发展。网壳结构建造数量逐年增加，各种形式的网壳包括球面网壳、柱面网壳、鞍形网壳（或扭网壳）、双曲扁网壳和异形网壳均得到了广泛应用，上述各种网壳的组合形式也得到了广泛应用。设计者还开发了预应力网壳、斜拉网壳（用斜拉索加强网壳）等新的结构体系。20 世纪 90 年代，我国建造了一些规模相当宏大的网壳结构。例如，1994 年建成的天津体育馆，它采用了肋环斜杆型（Schwedler 型）双层球面网壳，其圆形平面净跨 108 m，周边伸出 13.5 m，网壳厚度为 3 m；采用圆钢管构件和焊接空心球节点，用钢指标 55 kg/m^2。1995 年建成的黑龙江省速滑馆，其巨大的双层网壳结构用以覆盖 400 m 速滑跑道，由中央柱面壳部分和两端半球壳部分组成，轮廓尺寸为 86.2 m×191.2 m，覆盖面积达 15000 m^2，网壳厚度为 2.1 m；采用圆钢管构件和螺栓球节点，用钢指标 50 kg/m^2。1997 年建成的长春万人体育馆，其平面呈桃核形，由肋环型球面网壳切去中央条形部分再拼合而成，体型巨大，如果将外伸支腿计算在内，轮廓尺寸可达 146 m×191.7 m，网壳厚度为 2.8 m；其桁架式"网片"的上、下弦和腹杆一律采用方（矩形）钢管焊接连接，是我国第一个方钢管网壳。这一网壳结构的设计方案是由国外提出的，施工图设计和制作安装由国内完成。

　　在网壳结构的应用范围日益扩大的同时，平板网架结构并未停止发展，它不仅有自己的应用范围，而且跨度不拘大小，近几年已在一些重要领域扩大了应用范围。例如，在机场维修机库方面，广州白云机场 80 m 机库（1989 年）、成都机场 140 m 机库（1995 年）、首都机场 153 m×90 m 机库（1996 年）等大型机库都采用平板网架结构。这些三边支承的平板网架结构规模巨大，且需承受较重的悬挂荷载，常采用较重型的焊接型钢（或钢管）结构，有时需采用三层网架，其单位面积用钢指标比一般公用建筑所用网架的高。而单层工业厂房因其面积巨大，是近几年来平板网架结构获得迅速发展的重要应用领域之一。为便于灵活安排生产工艺，厂房的柱网尺寸有日益扩大的趋向，这时平板网架结构就成为十分经济适用的理想结构方案。例如，1991 年建成的第一汽车制造厂高尔夫轿车安装车间，面积近 8 万 m^2（189.2 m×421.6 m），柱网尺寸为 21 m×12 m；采用焊接球节点网架，用钢指标 31 kg/m^2。该厂房是目前世界上面积最大的平板网架结构。1992 年建成的天津无缝钢管厂加工车间，面积约 6 万 m^2（108 m×564 m），柱网尺寸为 36 m×18 m；采用螺栓球节点网架，用钢指标 32 kg/m^2，与传统的平面钢桁架方案相比，节省了 47% 用钢量。十分明显，包括网架和网壳在内的空间网格结构体系整体刚度好、技术经济指标优越，可提供丰富的建筑造型，因而受到设计者和建设者的喜爱。据 2023 年粗略统计，我国近几年每年建造的空间网格结构建筑面积达 800 万 m^2，相应钢材用量高达约 20 万 t。如此庞大的数值，在全球范围内尚无其他国家能够企及。

　　随着空间网格结构的迅猛发展，一些现实问题也随之而来。与国际水平相比，我国目前的空间网格结构无论是加工制作水平，还是施工安装工艺水平和质量管理水平，都与之有一定的差距。尤其是在市场需求的带动下，大量小型网架企业如雨后春笋般成立，技术上难免良莠不齐，其设计和施工人员也并非总由有经验的专业人士担任，因而大力加强行业管理，切实把控设计制作和安装质量，是促进我国空间网格结构进一步健康发展的重要课题。

1.2.3　空间网格结构的发展趋势

　　随着科技的不断进步和新材料、新技术的出现，大跨度空间网格结构的未来发展空间将更加广阔。首先，随着计算机技术的进步，建筑师和工程师们可以更精确地分析和设计复杂的大跨度空间网格结构，提高其稳定性和安全性。其次，新材料的出现也为空间网格结构的发展带来了更多可能性，例如碳纤维、玻璃纤维等高性能材料的引入，将使得大跨度空间网格结构更加轻巧、坚韧。此外，随着 3D 打印技术的发展，未来大跨度空间网格结构诸如复杂网壳结构、管桁架结构的设计和制造将更加便捷和高效。3D 打印技术可以用于生产复杂的大跨度空间网格结构，从而降低施工难度和成本，提高建造效率。同时，随着可持续发展理念日益深入人心，大跨度空间网格结构的绿色化也将成为未来的发展趋势，例如利用太阳能、风能等可再生资源为建筑物提供能源等。

1.3　主要研究内容

本课题以武汉盛世国际文体项目体育场馆及广东某体育会展中心工程为例，开展空间网格结构施工阶段分析与建造关键技术研究。

1.3.1　武汉盛世国际文体项目体育场馆结构分析目标

1. 项目研究目的

针对武汉盛世国际文体项目等工程空间网格结构的钢材、焊接材料，杆件及节点类型，结构重心分布等方面进行初步分析，结合施工方案中的具体安装方法（本研究为分阶段提升法）分析技术的可行性、工期与安全影响因素等，初步提出针对施工方法方面的建议。按照最后选定的施工方案进行施工阶段分析，得出各施工步的杆件应力、结构变形等，确保施工安全。

2. 施工荷载、设计使用荷载分析

针对武汉盛世国际文体项目下部结构在拼装、提升过程中的各施工荷载与设计使用荷载进行对比分析，初步得出项目下部结构的承载安全性条件，在不满足承载要求的情况下，提出支撑、加固方案；结合施工季节条件针对荷载情况分析温度荷载、风荷载等对安装过程的影响因素，提出应对措施；通过各项分析得出在各种施工工况下进行工程计算的具体要求。

3. 项目结构现场条件分析

根据项目施工现场条件，分析拼装场地、原位提升、高空补杆、高空焊接的操作面具体要求，进行现场的场地划分和布置，优化施工步骤防止交叉作业相互影响，为最终确定科学合理的施工安装方案提供信息与参考依据。

1.3.2 施工安装方法选择步骤

（1）根据项目的结构特点分析、场地季节分析、支座约束分析、施工工况分析，提出各种可行的施工安装方法，并进行对比。

（2）针对所提出的各种施工安装方法进行技术分析、措施分析、工期分析、成本分析，得出最终的施工方案；针对最终的施工方案分别进行支撑架计算、提升单元计算、下部结构承载力计算等。

（3）根据步骤（2）的计算结果，结合步骤（1）的分析，对所选的各种施工安装方法进行工期、技术指标、经济指标对比研究。

（4）根据步骤（3）的研究结果提出合理的施工安装方法建议。

1.3.3 施工安装关键技术

1. 施工方案比选

根据场地的操作空间、工期安排、吊装能力、提升能力，对吊装方案、悬挑式高空散装法和提升方案进行综合经济技术指标对比分析与选择，对施工过程中的各种工况进行分析，增强施工方案的可行性。

2. 施工过程数值分析

（1）根据选定的施工安装方案，按照施工步建立空间实体有限元模型，对各施工阶段的受力进行分析，确定各施工步末的构件应力比、位移等，为结构的施工安装提供力学上的依据，优化施工工序，保障结构安装过程中的安全性和整体稳定性。

（2）考虑吊装过程中的动力冲击系数作用，选取最不利单元与工况，建立吊装单元的空间实体有限元模型，进行吊装工况力学分析，确保吊装安全。

3. 工程风险控制研究

基于空间钢结构危大工程存在风险，应列举风险源，分别针对不同施工安装阶段进行风险评估，并对拆除过程进行风险源辨识、风险分析、重大风险源估测和风险控制等，进而提出风险管理建议。

第2章　空间网格结构概述

空间网格结构是指主要以钢杆件组成的空间结构，包括网架、管桁架及网壳等结构。下面主要介绍网架和管桁架结构。

2.1　网架结构概述

2.1.1　网架结构的支承情况

网架结构按支承情况可分为周边支承网架、点支承网架、周边支承与点支承混合网架、三边支承一边开口或两边支承两边开口网架、悬挑网架等。

1. 周边支承网架

周边支承网架是目前采用较多的一种形式，所有边界节点都搁置在柱或梁上，传力直接，网架受力均匀，如图 2.1 所示。当网架周边支承于柱顶时，网格宽度可与柱距一致；当网架支承于周边梁上时，网格的划分比较灵活，可不受柱距影响。

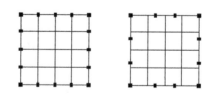

图 2.1　周边支承网架

2. 点支承网架

点支承网架一般有四点支承和多点支承两种情形，由于支承点处集中受力较大，宜在周边设置悬挑，以减小网架跨中杆件的内力和挠度，如图 2.2 所示。

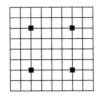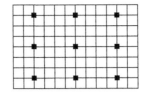

图 2.2　点支承网架

3. 周边支承与点支承混合网架

在点支承网架中，当周边没有围护结构和抗风柱时，可采用周边支承与点支承相结合的形式。这种支承方法适用于工业厂房和展览厅等公共建筑，如图 2.3 所示。

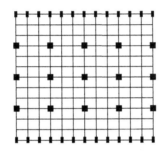

图 2.3　周边支承与点支承混合网架

4. 三边支承一边开口或两边支承两边开口网架

根据建筑的功能要求，使网架仅在三边或两对边上支承，另一边或另两对边为自由边，即构成三边支承一边开口或两边支承两边开口网架，如图 2.4 所示。自由边的存在对网架受力不利，结构中应对自由边做加强处理，一般可在自由边附近增加网架层数或在自由边加设托梁或托架。对中、小型网架，也可采用增加网架高度或局部加大杆件截面的办法予以加强。

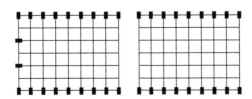

图 2.4　三边支承一边开口或两边支承两边开口网架

5. 悬挑网架

为满足一些特殊需要，有时候网架结构的支承形式为一边支承、三边自由。为使这种网架结构的受力合理，必须在另一方向设置悬挑，以平衡下部支承结构的受力，使受力趋于合理，如体育场看台罩棚。

2.1.2 网架结构的网格形式

根据《空间网格结构技术规程》（JGJ 7—2010）的规定，目前经常采用的网架结构分为 4 个体系 13 种网格形式。

1. 交叉平面桁架体系

这个体系的网架结构由一些相互交叉的平面桁架组成。一般应使斜腹杆受拉、竖腹杆受压，斜腹杆与弦杆之间夹角宜为 40°～60°。该体系网架有以下 4 种形式。

（1）两向正交正放网架。两向正交正放网架由两组平面桁架互成90°交叉放置而成，弦杆与边界平行或垂直。上、下弦网格尺寸相同，同一方向的各平面桁架长度一致，制作、安装较为简便，如图 2.5 所示。由于上、下弦为方形网格，属于几何可变体系，所以应适当设置上、下弦水平支承，以保证结构的几何不变性，从而有效地传递水平荷载。两向正交正放网架适用于建筑平面为正方形或接近正方形，且跨度较小的情况。

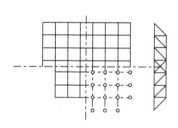

图 2.5 两向正交正放网架

（2）两向正交斜放网架。两向正交斜放网架由两组平面桁架互成90°交叉而成，弦杆与边界成 45°角，边界可靠时，为几何不变体系，如图 2.6 所示。各榀桁架长度不同，靠近角部的短桁架相对刚度较大，对与其垂直的长桁架有一定的弹性支撑作用，可以使长桁架中部的正弯矩减小，因而比正交正放网架经济。不过由于长桁架两端有负弯矩，四角支座将产生较大拉力。当采用一定形式时，可使角部拉力由两个支座负担，避免过大的角支座拉力。两向正交斜放网架适用于建筑平面为正方形或长方形的情况。

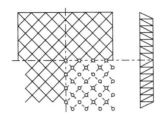

图 2.6　两向正交斜放网架

（3）两向斜交斜放网架。两向斜交斜放网架由两组平面桁架斜向相交而成，弦杆与边界成一斜角，如图 2.7 所示。这类网架在网格布置、构造、计算分析和制作安装上都比较复杂，而且受力性能比较差，除特殊情况外，一般不宜使用。

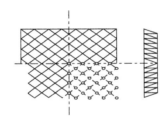

图 2.7　两向斜交斜放网架

（4）三向网架。三向网架由三组互成 60° 的平面桁架相交而成，如图 2.8 所示。这类网架受力均匀，空间刚度大，但汇交于一个节点的杆件数量较多，节点构造比较复杂，宜采用圆钢管杆件及球节点。三向网架适用于大跨度（$L>60$ m）且建筑平面为正三角形、正六边形、正多边形和圆形等形状比较规则的情况。

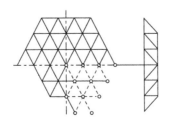

图 2.8　三向网架

2. 四角锥体系

这类网架的上、下弦均呈正方形（或是接近正方形的矩形）网格，上、下弦网格相互错开半格，使下弦网格的角点对准上弦网格的形心，再在上、下弦节点间用腹杆连接起来，即形成四角锥体系网架。该体系网架有以下 5 种形式。

（1）正放四角锥网架。正放四角锥网架由倒置的四角锥体组成，锥底的四边为网架的上弦杆，锥棱为腹杆，各锥顶相连即为下弦杆。它的弦杆均与边界正交，如图 2.9 所示。这类网架杆件受力均匀，空间刚度比其他类的四角锥网架及两向网架好。屋面板规格单一，便于起拱，屋面排水也较容易实现。但杆件数量较多，用钢量略高。正放四角锥网架适用于建筑平面接近正方形的周边支承情况，也适用于屋面荷载较大、大柱距点支承及设有悬挂吊车的工业厂房的情况。

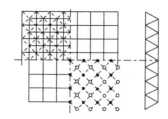

图 2.9　正放四角锥网架

（2）正放抽空四角锥网架。正放抽空四角锥网架是在正放四角锥网架的基础上，除周边网格不动外，适当抽掉一些四角锥单元中的腹杆和下弦杆，使下弦网格尺寸扩大一倍形成的，如图 2.10 所示。其杆件数目较少，降低了用钢量，抽空部分可作采光天窗，下弦内力较正放四角锥网架约增大一倍，内力均匀性、刚度均有所下降，但仍能满足工程要求。正放抽空四角锥网架适用于屋面荷载较轻的中、小跨度网架。

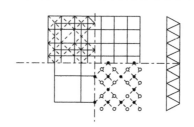

图 2.10　正放抽空四角锥网架

（3）斜放四角锥网架。斜放四角锥网架的上弦杆与边界成 45°角，下弦正放，腹杆与下弦在同一垂直平面内，如图 2.11 所示。上弦杆长度约为下弦杆长度的 0.707 倍。在周边支承情况下，一般为上弦受压、下弦受拉。节点处汇交的杆件较少（上弦节点 6 根、下弦节点 8 根），用钢量较省。但因上弦网格斜放，屋面板种类较多，屋面排水坡的形成也较困难。当平面长宽比为 1~2.25 时，长跨跨中的下弦内力大于短跨跨中下弦内力；当平面长宽比大于 2.5 时，长跨跨中的下弦内力小于短跨跨中下弦内力。当平面长宽比为 1~1.5 时，上弦杆的最大内力不在跨中，而是在网架 1/4 平面的中部。这些内力分布规律不同于普通简支平板的规律。当斜放四角锥网架采用周边支承且周边无刚性联系时，会出现四角锥体绕 z 轴旋转的不稳定情况。因此，必须在网架周边布置刚性边梁。当采用点支承时，可在网架周边布置封闭的边桁架。斜放四角锥网架适用于中、小跨度周边支承，或周边支承与点支承相结合的方形或矩形建筑平面的情况。

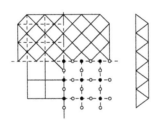

图 2.11　斜放四角锥网架

（4）星形四角锥网架。星形四角锥网架的单元体形似星体，星体单元由两个倒置的三角形小桁架相互交叉而成，如图 2.12 所示。两个三角形小桁架底边构成网架上弦，它们与边界成 45°角。在两个小桁架交汇处设有竖杆，各单元顶点相连即为下弦杆。因此，它的上弦为正交斜放，下弦为正交正放，斜腹杆与上弦杆在同一竖直平面内。上弦杆比下弦杆短，受力合理，但角部的上弦杆可能受拉，该处支座可能出现拉力。网架的受力情况接近交叉梁系，刚度稍差于正放四角锥网架。星形四角锥网架适用于中、小跨度周边支承的网架。

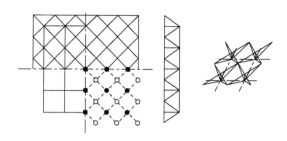

图 2.12　星形四角锥网架

（5）棋盘形四角锥网架。棋盘形四角锥网架是在斜放四角锥网架的基础上，将整个网架水平旋转 45°，并加设平行于边界的周边下弦杆形成的，如图 2.13 所示。此类网架也具有短压杆、长拉杆的特点，受力合理；由于周边满锥，网架的空间作用得到保证，受力均匀。棋盘形四角锥网架的杆件较少，屋面板规格单一，用钢指标良好，适用于小跨度周边支承的网架。

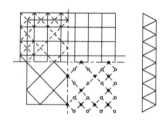

图 2.13　棋盘形四角锥网架

3. 三角锥体系

三角锥体系网架的基本单元是一倒置的三角锥体。锥底的正三角形的三边为网架的上弦杆，其棱为网架的腹杆。随着三角锥单元体布置的不同，上、下弦网格可为正三角形或正六边形，从而构成不同的三角锥网架。该体系网架有以下 3 种形式。

（1）三角锥网架。三角锥网架上、下弦平面均为三角形网格，下弦三角形网格的顶点对着上弦三角形网格的形心，如图 2.14 所示。此类网架受力均匀，整体抗扭、抗弯刚度好，但节点构造复杂，上、下弦节点交汇杆件数均为 9 根，适用于建筑平面为三角形、六边形和圆形的情况。

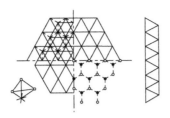

图 2.14　三角锥网架

（2）抽空三角锥网架。抽空三角锥网架是在三角锥网架的基础上，抽去部分三角锥单元的腹杆和下弦杆而形成的。当下弦由三角形和六边形网格组成时，称为抽空三角锥网架Ⅰ型，如图 2.15 所示；当下弦全为六边形网格时，称为抽空三角锥网架Ⅱ型，如图 2.16 所示。此类网架减少了杆件数量，用钢省，但空间刚度也较三角锥网架小。上弦网格较密，便于铺设屋面板；下弦网格较疏，以节省钢材。抽空三角锥网架适用于荷载较小、跨度较小的三角形、六边形和圆形建筑平面的情况。

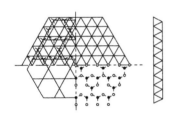

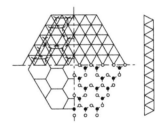

图 2.15　抽空三角锥网架Ⅰ型　　　　图 2.16　抽空三角锥网架Ⅱ型

（3）蜂窝形三角锥网架。蜂窝形三角锥网架由一系列的三角锥组成，上弦平面为正三角形和正六边形网格，下弦平面为正六边形网格，腹杆与下弦杆在同一垂直平面内，如图 2.17 所示。此类网架上弦杆短、下弦杆长，受力合理，每个节点只汇交 6 根杆件，是常用网架中杆件数和节点数最少的一种。但是，上弦平面的六边形网格增加了屋面板布置与屋面找坡的难度。蜂窝形三角锥网架适用于中、小跨度周边支承的情况，可用于六边形、圆形或矩形建筑平面的情况。

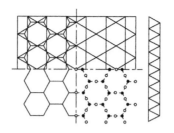

图 2.17　蜂窝形三角锥网架

4. 折线形网架体系

折线形网架俗称折板网架，由正放四角锥网架演变而来，也可以看作折板结构的格构化，如图 2.18 所示。当建筑平面长宽比大于 2 时，正放四角锥网架单向传力的特点就很明显，此时，网架长跨方向弦杆的内力很小，从强度角度考虑可将长跨方向弦杆（除周边网格外）取消，即可得到沿短跨方向支承的折线形网架。折线形网架适用于狭长矩形建筑平面的情况。

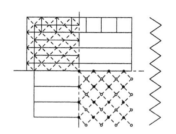

图 2.18　折线形网架

2.1.3　网架结构的节点构造和网架杆件

1. 节点构造

网架结构的节点形式很多，按节点在网架中的位置可分为中间节点（网架杆件交汇的一般节点）、再分杆节点、屋脊节点和支座节点；按节点连接方式可分为焊接连接节点、高强螺栓连接节点、焊接和高强螺栓混合连接节点；按节点的构造形式可分为板节点、半球节点、球节点、钢管圆筒节点、钢管鼓节点等。我国最常用的是焊接钢板节点、焊接空心球节点、螺栓球节点等。

网架结构节点形式的选择要根据网架类型、受力性质、杆件截面形状、制造工艺和安装方法等条件而定。例如，对于交叉平面桁架体系中的两向网架，用角钢作杆件时，一般多采用焊接钢板节点；对于空间桁架体系（四角锥体系、三角锥体系等）网架，用圆钢管作杆件时，若杆件内力不是非常大（一般≤750 kN），可采用螺栓球节点，若杆件内力非常大，一般应采用焊接空心球节点。

（1）焊接钢板节点。

焊接钢板节点一般由十字节点板和盖板组成。十字节点板由两块带企口的钢板对插焊接而成，也可由 3 块焊成，如图 2.19 所示。焊接钢板节点多用于双向网架和由四角锥体组成的网架。焊接钢板节点常用构造形式如图 2.20 所示。

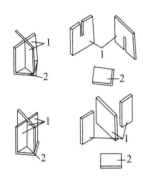

图 2.19　焊接钢板节点　　图 2.20　焊接钢板节点常用构造形式

（2）螺栓球节点。

螺栓球节点是通过螺栓将管形截面的杆件和钢球连接起来的节点，一般由钢管、封板、套管、销子、锥头、螺栓、钢球等零件组成，如图 2.21 所示。螺栓球节点毛坯不圆度的允许制作误差为 2 mm，螺栓按 3 级精度加工，其检验标准按 GB/T 1228—2006 至 GB/T 1231—2006 的规定执行。

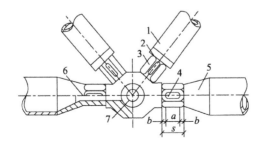

1—钢管；2—封板；3—套管；4—销子；5—锥头；6—螺栓；7—钢球。

图 2.21　螺栓球节点示意图

（3）焊接空心球节点。

空心球由两个压制的半球焊接而成，分为不加肋和加肋两种，如图 2.22 所示，适用于钢管杆件的连接。当空心球的外径为 1300 mm，且内力较大，需要提高承载能力时，球内可加环肋，环肋厚度不应小于球壁厚，同时杆件应连接在环肋的平面内。当球节点与杆件相连接时，两杆件在球面上的距离 a 不得小于 10 mm，如图 2.23 所示。

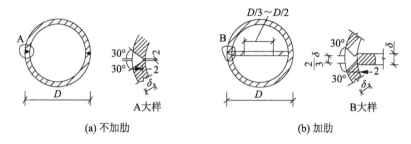

(a) 不加肋   (b) 加肋

图 2.22　空心球剖面图（长度单位：mm）

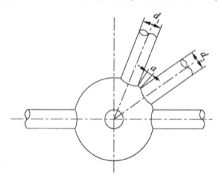

图 2.23　焊接空心球节点示意图

焊接空心球节点的半圆球，宜用机床加工成坡口。焊接后的成品球的表面应光滑平整，不得有局部凸起或褶皱，其几何尺寸和焊接质量应符合设计要求。成品球应按 1% 抽样进行无损检查。

2. 网架杆件

（1）杆件截面形式。钢杆件截面形式分为圆钢管、角钢和薄壁型钢三种。

圆钢管可采用高频电焊钢管或无缝钢管。高频电焊钢管是根据高频电流的集肤效应和邻近效应，利用集中于管坯边缘上的电流将接合面加热到焊接温度，再经挤压、辊压焊成的焊接管。网架结构一般用直缝焊管。

薄壁圆钢管因其相对回转半径大和截面特性无方向性,对受压和受扭有利,故一般情况下,圆钢管截面比其他型钢截面可节约 20% 的用钢量。当有条件时,应优先采用薄壁圆钢管截面。

(2)杆件截面形式选择。杆件截面形式的选择与网架的网格形式有关。对于交叉平面桁架体系,可选用角钢或圆钢管杆件;对于空间桁架体系(四角锥体系、三角锥体系),则应选用圆钢管杆件。杆件截面形式的选择还与网架的节点形式有关。若采用钢板节点,宜选用角钢杆件;若采用焊接球节点、螺栓球节点,则应选用圆钢管杆件。

(3)杆件截面尺寸要求。网架的杆件尺寸应满足下列要求:普通型钢一般不宜采用小于L50×3 的角钢。薄壁型钢的壁厚不应小于 2 mm。杆件的下料、加工宜采用机械加工方法进行。

2.1.4　网架结构的支座节点

1. 压力支座节点

常用的压力支座节点有以下四种。

(1)平板压力支座节点,如图 2.24 所示。这种节点由"十"字形节点板和一块底板组成,构造简单、加工方便、用钢量省。但其支承板下的摩擦力较大,支座不能转动或移动,支承板下的应力分布也不均匀,和计算假定相差较大,一般只适用于较小跨度($L \leqslant 40$ m)的网架。平板压力支座底板上的螺栓孔可做成椭圆孔,以利于安装;宜采用双螺母,并在安装调整完毕后与螺杆焊死。螺栓直径一般取 M16~M24,按构造要求设置。螺栓在混凝土中的锚固长度一般不宜小于 25d(d 为螺栓直径,不含弯钩)。网架结构的平板压力支座中的底板、节点板、加劲肋及焊缝的计算、构造要求,均与平面钢桁架支座节点的有关要求相似。

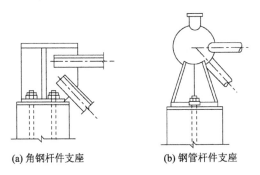

(a) 角钢杆件支座　　　　　　(b) 钢管杆件支座

图 2.24　平板压力支座节点

（2）单面弧形压力支座节点，如图 2.25 所示。这种支座在支座板与支承板之间加一弧形支座垫板，使支座能转动。弧形垫板一般用铸钢或厚钢板加工而成，使支座可以产生微量转动和移动（线位移），支承垫板下的反力比较均匀，改善了较大跨度网架由于挠度和温度应力影响的支座受力性能，但摩擦力较大。为使支座转动灵活，可将两个螺栓放在弧形支座的中心线上；当支座反力较大需要设置 4 个螺栓时，为不影响支座的转动，可在置于支座四角的螺栓上部加设弹簧，用于调节支座在弧面上的转动。为保证支座能有微量移动（线位移），网架支座栓孔应做成椭圆孔或大圆孔。单面弧形支座板的材料一般使用铸钢，也可以用厚钢板加工而成，它适用于大跨度网架的压力支座。

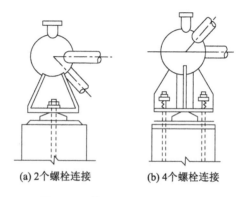

(a) 2个螺栓连接　　　　(b) 4个螺栓连接

图 2.25　单面弧形压力支座节点

（3）双面弧形压力支座节点，又称摇摆支座节点，如图 2.26 所示。这种支座是在支座板与柱顶板之间设一块上下均为弧形的铸钢件。在铸钢件两侧设有从支座板与柱顶板上分别焊出的带有椭圆孔的梯形钢板，以螺栓将这三者连系在一起，在正常温度变化下，支座可沿铸钢件的两个弧面做一定的转动和移动以满足网架既能自由伸缩又能自由转动的要求。这种支座适用于跨度大、支承网架的柱子或墙体的刚度较大、周边支座约束较强、温度应力也较显著的大型网架，但其构造较复杂，加工烦琐，造价较高，而且只能在一个方向上转动。

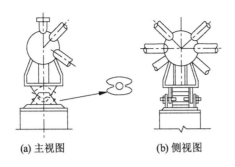

(a) 主视图　　　　　　(b) 侧视图

图 2.26　双面弧形压力支座节点

（4）球形铰压力支座节点，如图 2.27 所示。这种支座是以一个凸出的实心半球嵌合在一个凹进的半球内形成的，在任何方向都能转动而不产生弯矩，并在 x、y、z 三个方向都不会产生线位移，比较符合不动球铰支座的计算简图。为防止地震作用或其他水平力的影响使凹球与凸球脱离，支座四周应以锚栓固定，并应在螺母下放置压力弹簧，以保证支座的自由转动不受锚栓的约束影响。在构造上，凸球面的曲率半径应比凹球面的曲率半径小一些，以便接触面呈点接触，利于支座的自由转动。这种节点适用于跨度较大或带悬伸的四点支承或多点支承的网架。

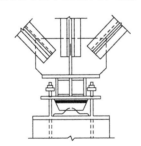

图 2.27　球形铰压力支座节点

以上 4 种支座用螺栓固定后，应加副螺母等防松，螺母下面的螺纹段的长度不宜过长，避免网架受力时产生反作用力，即支座板向上翘起及产生侧向拉力而使螺母松脱或螺纹断裂。

2. 拉力支座节点

有些周边支承的网架，如斜放四角锥网架、两向正交斜放网架，在角隅处的支座上往往产生拉力，故应根据承受拉力的特点设计成拉力支座。在拉力支座节点中，一般都是利用锚栓来承受拉力的，锚栓的位置应尽可能靠近节点的中心线。为使支承板下不产生过大的摩擦力，让网架在温度变化时支座有可能作微小的移动或转动，一般都不要将锚栓过分拧紧。锚栓的净面积可根据支座拉力的大小计算。

常用的拉力支座节点有下列两种形式。

（1）平板拉力支座节点。对于较小跨度网架，支座拉力较小，可采用与平板压力支座相同的构造，利用连接支座与支承的锚栓来承受拉力。锚栓的直径按计算确定，一般锚栓直径不小于 20 mm。锚栓的位置应尽可能靠近节点的中心线。平板拉力支座节点构造比较简单，适用于较小跨度网架。

（2）弧形拉力支座节点。弧形拉力支座节点的构造与弧形压力支座节点相似。支承面做成弧形，以利于支座转动。为了更好地将拉力传递到支座上，应在承受拉力的锚栓附近的节点板加肋以增强节点刚度。弧形支承板的材料一般用铸钢或厚钢板加工而成。为了支座转动方便，最好将螺栓布置在或尽量靠近节点中心位置，同时不要将螺母拧得太紧，以便在网架产生位移或转角时，支座板可以比较自由地沿弧面移动或转动。这种节点适用于中、小跨度网架。

2.1.5 网架结构屋面排水坡度的形成

网架结构的屋面坡度一般取 1%～4% 以满足屋面排水要求，多雨地区宜选用较大值。当屋面结构采用檩体系时，还应考虑檩条挠度对泄水的影响。对于荷载较大、跨度较大的网架结构，还应考虑网架竖向挠度对排水的影响。

屋面坡度的形成方法（见图 2.28）有以下几种。

（1）上弦节点加小立柱找坡。当小立柱较高时，应注意小立柱自身的稳定性，这种做法构造比较简单。

（2）网架变高度找坡。当网架跨度较大时，这种找坡方法会造成受压腹杆太长。

（3）支承柱找坡。采用点支承方案的网架可用此法找坡。

（4）整个网架起拱找坡。一般用于大跨度网架。网架起拱后，杆件、节点明显增多，使网架的设计、制造、安装复杂化。当起拱高度小于网架短向跨度的 1/150 时，由起拱引起的杆件内力变化一般不超过杆件内力的 5%～10%，因此仍按不起拱的网架计算内力。

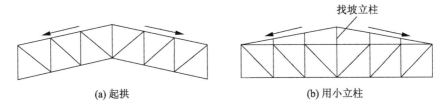

(a) 起拱 　　　　　　　　　　　　　　　(b) 用小立柱

图 2.28　屋面坡度的形成方法

2.1.6　网架结构的起拱

网架施工起拱是为了消除网架在使用阶段的挠度影响。一般情况下，中小跨度网架不需要起拱。对于大跨度（$L>60$ m）网架或建筑上有起拱要求的网架，起拱高度可取 $L/300$（L 为网架的短向跨度）。

网架起拱的方法按线型分为折线型起拱和弧线型起拱两种，按方向分为单向起拱和双向起拱两种。狭长平面的网架可单向起拱，接近正方形平面的网架应双向起拱。网架起拱后，会使杆件的种类选择以及网架的设计、制造和安装更加复杂。

2.1.7　网架结构的容许挠度

网架结构的容许挠度不应超过下列数值：用作屋盖结构，不应超过 $L/250$；用作楼盖结构，不应超过 $L/300$（L 为网架的短向跨度）。

2.2　管桁架结构概述

管桁架结构是指由圆钢管或方钢管杆件在端部相互连接而成的格子式结构，也称为钢管桁架结构和管结构。管桁架结构杆件一般为圆钢管，一些大型、重型管桁架可采用方钢管截面。管桁架弦杆和腹杆虽然为焊接，但一般其计算模型仍为铰接节点。管桁架按结构体系分为平面桁架或空间桁架。管桁架结构在节点处采用与杆件直接焊接的相贯节点（或称管节点），钢管相贯节点处焊缝有对接焊缝或角焊缝等多种形式。在相贯节点处，只有在同一轴线上的两个主管贯通，其余杆件（即支管）通过端部相贯线加工后，直接焊接在贯通杆件（即主管）的外表面上，非贯通杆件在节点部位可能有一定间隙（间隙型节点），也可能部分重叠（搭接型节点）。相贯线切割是难度较高的制造工艺，因为交汇钢管的数量、角度、尺寸的不同使得相贯线形态各异，而且坡口处理困难。但随着多维数控切割技术的发展，这些难点已被克服，因而相贯节点管桁架结构在大跨度建筑中得到了前所未有的广泛应用。

2.2.1 管桁架结构的类型

管桁架结构以桁架结构为基础，因此其结构形式与桁架的形式基本相同，其外形与用途有关。常见的分类方法有下面几种。

（1）根据屋架外形分类，一般有三角形、梯形、平行弦及拱形桁架，如图 2.29 所示。桁架的腹杆形式常用的有芬克（Fink）式（见图 2.29a）、人字式（见图 2.29b，d，f）、豪式（也叫单向斜杆式，见图 2.29c，h）、再分式（见图 2.29e）、交叉式（见图 2.29g）。其中，前四种腹杆形式为单系腹杆，而交叉式腹杆为复系腹杆。

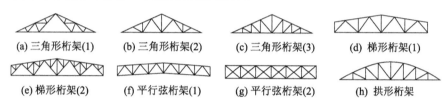

(a) 三角形桁架(1)　(b) 三角形桁架(2)　(c) 三角形桁架(3)　(d) 梯形桁架(1)

(e) 梯形桁架(2)　(f) 平行弦桁架(1)　(g) 平行弦桁架(2)　(h) 拱形桁架

图 2.29　桁架形式

（2）按受力特性和杆件布置的不同，管桁架结构可分为平面管桁架结构和空间管桁架结构。平面管桁架结构有普腊特（Pratt）式桁架、华伦（Warren）式桁架、芬克（Fink）式桁架、拱形桁架，及其各种演变形式，如图 2.30 所示。

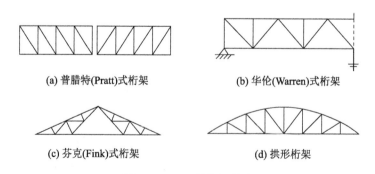

(a) 普腊特(Pratt)式桁架　　　　　(b) 华伦(Warren)式桁架

(c) 芬克(Fink)式桁架　　　　　(d) 拱形桁架

图 2.30　平面管桁架结构

平面管桁架结构的上弦、下弦和腹杆都在同一平面内，结构平面外刚度较差，一般需要通过侧向支撑以保证结构的侧向稳定。目前，管桁架结构多采用华伦式桁架和普腊特式桁架形式。华伦式桁架一般最经济，与普腊特式桁架相比，华伦式桁架只有它一半数量的腹杆与节点，且腹杆下料长度统一，可大大节约材料与加工工时。此外，华伦式桁架较容易使用有间隙的接头，这种接头容易布置。同样，形状规则的华伦式桁架具有更大的空间去满足机械、电气及其他设备的放置需要。

空间管桁架结构通常为三角形截面，又分为正三角形截面和倒三角形截面两种，如图 2.31 所示。三角形空间管桁架结构稳定性较好，扭转刚度较大，类似于一榀空间刚架结构，可以减少侧向支撑构件，在不布置或不能布置面外支撑的情况下仍可提供较大的跨度空间，外表美观且更为经济，工程中被广泛应用。

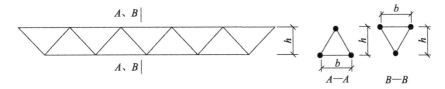

图 2.31　空间管桁架结构

桁架结构中，通常上弦是受压杆件，容易失去稳定性，下弦受拉不存在稳定问题。倒三角形截面有两根上弦杆件，且可以有效减少檩条的跨度，因此是一种比较合理的截面形式。两根上弦杆通过斜腹杆与下弦杆连接后，再在节点处设置水平连杆，而且支座支点多在上弦处，从而构成上弦侧向刚度较大的屋架。另外，两根上弦贴靠屋面，下弦只有一根杆件，给人以轻巧的感觉。因此，实际工程中大量采用了倒三角形截面形式的桁架。正三角形截面桁架的主要优点在于上弦是一根杆件，檩条和天窗架支柱与上弦的连接比较简单，多用于屋架。

（3）按连接构件的截面不同，管桁架结构可分为 C—C 型桁架、R—R 型桁架和 R—C 型桁架，如图 2.32 所示。

C—C 型桁架的主管和支管均为圆钢管相贯，相贯线为空间马鞍型曲线。圆钢管除了具有空心管材普遍的优点，还具有较大的惯性半径和有效的抗扭截面。由于圆钢管相交的节点相贯线为空间马鞍型曲线，所以设计、加工、放样比较复杂，但钢管相贯自动切割机的发明与使用，促进了管桁架结构的发展和应用。

R—R 型桁架的主管和支管均为方钢管或矩形钢管相贯。方钢管和矩形钢管用作抗压、抗扭构件时有突出的优点，用其直接焊接组成的方钢管桁架具有节点形式简单、外形美观的优点，在国内外得以广泛应用。我国现行钢结构设计规范中加入了矩形钢管的设计公式，这将进一步推进管桁架结构的应用。

R—C型桁架为矩形截面主管与圆形截面支管直接相贯焊接而成。圆钢管与矩形钢管的杂交型管节点构成的桁架形式新颖，能充分利用圆形截面管做轴心受力构件，矩形截面管做压弯和拉弯构件。矩形钢管与圆钢管相交的节点相贯线均为椭圆曲线，比圆钢管相贯的空间曲线易于设计与加工。

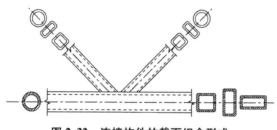

图 2.32　连接构件的截面组合形式

（4）按桁架的外形不同，管桁架结构可分为直线型与曲线型两种，如图 2.33 所示。随着社会对建筑美学要求的不断提高，为了满足空间造型的多样性，管桁架结构多做成各种曲线形状，以丰富结构的立体效果。当设计曲线型管桁架结构时，有时为了降低加工成本，仍然把杆件加工成直杆，由折线近似代替曲线。如果要求较高，可以采用弯管机将直钢管弯成曲管，这样可以获得更好的建筑效果。

曲线型（横向）

直线型（纵向）

图 2.33　直线型与曲线型管桁架结构

2.2.2　管桁架的结构组成与节点加强

1. 结构组成

管桁架结构一般由主桁架、次桁架、系杆和支座共同组成，单榀管桁架由上弦杆、下弦杆、系杆和腹杆等组成，如图 2.34 和图 2.35 所示。

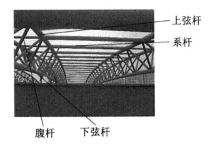

图 2.34　某火车站管桁架结构　　**图 2.35　单榀管桁架结构组成**

广东某多功能体育馆管桁架结构（见图 2.36）的屋盖平面为椭圆形，平面尺寸约为 98 m×133 m，外挑 6.5 m，屋面实际最大跨度为 85 m。屋盖由正交立体三角桁架组成，其中短向为弧形三角立体桁架，长向为直线三角立体桁架，桁架高度均为 3 m，长向和短向的立体桁架轴线间距约为 9 m×11 m，如图 2.36c 所示。整个屋盖结构为沿长短轴双轴对称的结构，支撑于外围箱形立体桁架上，箱形立体桁架支撑于由外围 32 个混凝土柱及屋盖内部 4 个框架柱上升起的伞形斜柱上，如图 2.36e 所示。主桁架与边桁架及部分支撑节点采用了铸钢件，如图 2.36f, g, h 所示。主桁架最大跨度为 79.7 m，单榀最重达 23.38 t。整个桁架钢管种类有 15 种，钢管最大规格为 $\phi245\times20$，最小规格为 $\phi60\times4$。

(a) 外观效果图1　　　　　　(b) 外观效果图2

(c) 管桁架结构体系　(d) 管桁架示意图1　(e) 管桁架示意图2

(f) 支座节点　　　(g) 节点示意图1　　(h) 节点示意图2

图 2.36　广东某多功能体育馆管桁架结构

2. 管桁架结构节点类型和破坏形式

管桁架结构中的相贯节点至关重要，因为节点的破坏往往导致与之相连的若干杆件的失效，从而使整个结构被破坏。直接焊接相贯节点是由几个主支管汇交而成的三维空间薄壁结构，应力分布十分复杂，如图2.37所示。当通过支管加载时，由于相贯线复杂，主管径向刚度与支管轴向刚度相差较大，因此应力沿主管的径向和环向分布都是不均匀的，在鞍点和冠点的应力较大，通常把节点中应力集中值较大的点称为热点。热点首先达到屈服，继续加载时该点形成塑性区，使应力重分布。随着支管内力的增加，塑性区不断向四周扩散，直到节点出现显著的塑性变形或出现初裂缝以后，才会达到最后的破坏。

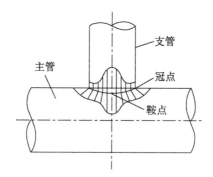

图2.37　相贯节点处的应力分布

相贯节点的形式与其相连杆件的数量有关，当腹杆与弦杆在同一平面内时为单平面节点，当腹杆与弦杆不在同一平面内时为多平面节点，如图2.38和图2.39所示。

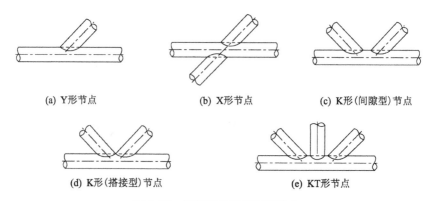

(a) Y形节点　　　　　(b) X形节点　　　　　(c) K形(间隙型)节点

(d) K形(搭接型)节点　　　　　(e) KT形节点

图2.38　管桁架结构单平面节点

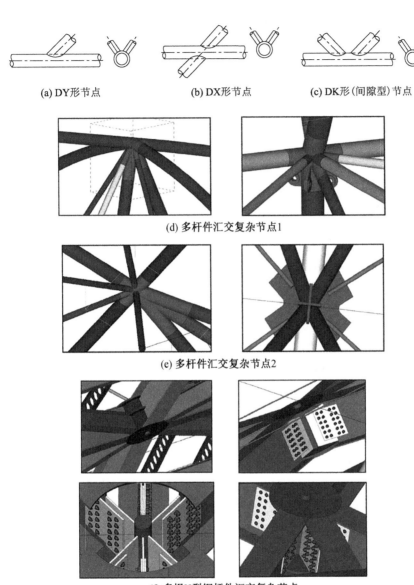

(a) DY形节点　　　　　　(b) DX形节点　　　　　(c) DK形(间隙型)节点

(d) 多杆件汇交复杂节点1

(e) 多杆件汇交复杂节点2

(f) 多根H型钢杆件汇交复杂节点

图 2.39　管桁架结构多平面节点

　　管桁架结构在工作过程中，杆件只承受轴向力的作用，支管将轴向力直接传给主管，主管可能出现多种破坏形式。在保证支管轴向力强度（不被拉断）、连接焊缝强度、主管局部稳定、主管壁不发生层状撕裂的前提下，节点的主要破坏形式有以下几种（见图2.40）：主管局部压溃、主管壁拉断、主管壁出现裂缝导致冲剪破坏、支管间主管剪切破坏。

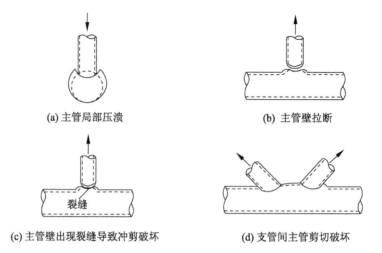

(a) 主管局部压溃　　　　　　　　　　　(b) 主管壁拉断

(c) 主管壁出现裂缝导致冲剪破坏　　　　　(d) 支管间主管剪切破坏

图 2.40　管桁架结构节点破坏形式

一般认为有如下破坏准则：

（1）极限荷载准则：使节点破坏、断裂。

（2）极限变形准则：变形过大。

（3）初裂缝准则：出现肉眼可见的裂缝。

目前，国际上公认的准则为极限变形准则，即认为使主管管壁产生过度的局部变形的承载力为其最大承载力，并以此来控制支管的最大轴向力。

3. 节点构造要求

为了保证相贯节点连接的可靠性，节点应满足以下构造要求。

（1）节点处主管应连续，支管端部应加工成马鞍形直接焊接于主管外壁上，而不得将支管插入主管内。为了连接方便和保证焊接质量，主管外径 d 应大于支管外径 d_s，主管壁厚 t 不得小于支管壁厚 t_s。

（2）主管与支管之间的夹角以及两支管间的夹角不得小于30°。否则，支管端部焊缝质量不易保证，并且支管的受力性能也欠佳。

（3）相贯节点各杆件的轴线应尽可能交于一点，避免偏心。

（4）支管端部应平滑并与主管接触良好，不得有过大的局部空隙。当支管壁厚大于 6 mm 时应切成坡口。

（5）支管与主管的连接焊缝，应沿全周连续焊接并平滑过渡。一般的支管壁厚不大，其与主管的连接宜采用全周角焊缝。当支管壁厚较大时（如 $t_s \geqslant 6 \text{ mm}$），则宜沿支管周边部分采用角焊缝、部分采用对接焊缝。具体来说，在支管外壁与主管外壁之间的夹角 $\alpha \geqslant 120°$ 的区域宜采用对接焊缝，其余区域可采用角焊缝。角焊缝的焊脚尺寸 h_f 不宜大于支管壁厚 t_s 的 2 倍。

（6）若支管与主管连接节点偏心满足 $-0.55 \leqslant e/h$（或 e/d）$\leqslant$ 0.25，则在计算节点和受拉主管承载力时，可忽略因偏心引起的弯矩的影响，但受压主管必须考虑此偏心弯矩 $M = Ne$（N 为轴力，e 为偏心距）的影响，如图 2.41 所示。

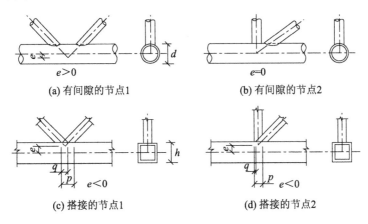

(a) 有间隙的节点1   (b) 有间隙的节点2

(c) 搭接的节点1   (d) 搭接的节点2

图 2.41 K 形与 N 形节点的偏心和间隙

（7）对于有间隙的 K 形或 N 形节点，支管间隙 a 应不小于两支管壁厚之和。

（8）对于搭接的 K 形或 N 形节点，当支管厚度不同时，薄壁管应搭在厚壁管上；当支管钢材强度等级不同时，低强度管应搭在高强度管上。搭接节点的搭接率 $Q_v = q/p \times 100\%$（q 是支管在节点处搭接长度，p 是支管的总长度）应满足 $25\% \leqslant Q_v \leqslant 100\%$，且应确保搭接部分支管之间的连接焊缝能很好地传递内力。

4. 节点加强措施

钢管构件在承受较大横向荷载的部位，工作情况较为不利，应采取适当的加强措施，防止产生过大的局部变形。钢管构件的主要受力部位应尽量避免开孔，必须开孔时，应采取适当的补强措施，如在孔的周围加焊补强板等。

节点的加强要针对具体的破坏形式，主要有主管壁加厚，主管上加套管、加垫板、加节点板，以及主管加肋环或内隔板等多种方法，如图 2.42 所示。

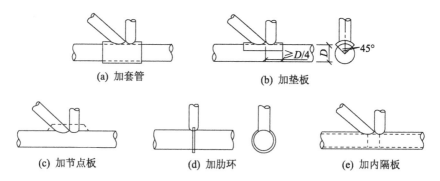

图 2.42 管桁架结构节点的加强方法

5. 杆件连接

钢管杆件的接长或连接接头，宜采用对接焊缝连接；当两管径不同时，宜加锥形过渡段；对于大直径或重要的拼接，宜在管内加短衬管；对于轴心受压构件或受力较小的压弯构件，可采用隔板传递内力的形式；对于工地连接的拼接，可采用法兰盘的螺栓连接，如图 2.43 所示。

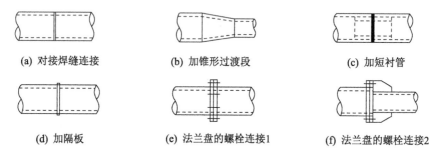

图 2.43 管桁架钢管的拼接

管桁架结构变径连接最常用的连接方法为法兰盘连接和变管径连接（见图 2.44）。对于两个不同直径的钢管的连接，当两直径之差小于 50 mm 时，可采用法兰盘的螺栓连接。板厚 t 一般大于 16 mm 及 t_1（小管壁厚）的两倍，计算时则按圆板受两个环形力的弯矩确定板厚 t。为了防止焊接时法兰盘开裂，应保证 $a \geqslant 20$ mm，要特别注意受拉拼接时法兰盘绝不允许分层。当两管径之差大于 50 mm 时，应采用变管径连接。

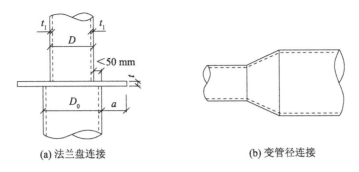

(a) 法兰盘连接　　　　　　　　　　　(b) 变管径连接

图 2.44　变径连接常用方法

2.2.3　铸钢件节点

对强度、塑性和韧性要求更高的管桁架支座节点、张弦钢结构节点、较多根杆件汇交的节点和异形钢结构的节点，往往采用铸钢件（见图 2.45）。钢结构工程中，铸钢件大多委托专门的厂家制作，施工单位仅需检验成品质量。

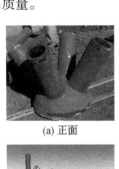

(a) 正面　　　　　　　(b) 背面（内衬四氟乙烯板润滑）

(c) 张弦结构与支座连接铸钢件　　　(d) 交叉节点示意图

(e) 铸钢铰支座　　(f) 人字柱上铸钢铰支座　　(g) 人字柱下铸钢铰支座

图 2.45　管桁架铸钢件支座节点

第3章 有限单元法概述

有限单元法是近几十年来出现并得到迅猛发展的现代数值方法，从力学角度去认识，它是在力学模型上进行近似数值分析的方法。实际弹性连续介质具有无限多个自由度，它的任何两部分之间相互连接的点也是无限多的。弹性力学问题的有限元法就是把弹性连续介质离散化为只在有限个节点上相互连接的有限个单元，并用其代替原来的连续体，此过程称为结构的离散化，也就是把无限自由度系统近似为有限自由度系统，这样就可以用求解有限自由度系统的办法去求解无限自由度系统。具体地讲，它是用若干个尺寸有限的在节点处相连接的单元组合而成的离散化模型去逼近理想连续体的实际结构，也称为结构的离散化模型。它采用的基本未知量是离散化模型中节点上的某种未知函数值，一般取节点位移作为未知函数值（位移法），然后分析单元内各种量和节点未知量之间的关系（称为单元分析）；继而根据所有单元间的几何关系去建立求解节点基本未知量的基本方程（称为整体分析）；最后由求出的节点基本未知量去求得任一单元内任一点的各种未知量（称为成果计算）。这种方法的实质是把无限自由度的问题转化为有限自由度的问题，然后用有限自由度问题的解答去逼近无限自由度问题的解答。

3.1 空间网格结构有限元分析

空间网格结构的建模比较简单，但也要准确地描述空间网格结构整体和各个部件的形状和位置，以及各个组成部件的连接情况。另外，选择合适的单元来模拟杆板式组合网架中的各个部件也十分重要。杆板式组合网架结构的受力具有空间特征。为了准确、真实地反映其工作状况，空间网格结构施工阶段分析所涉及的单元均为空间三维单元，包括空间梁单元（BEAM188）、三维杆单元（LINK8）、板壳单元（SHELL63）、弹簧单元（COMBIN14）等。

1. 空间梁单元（BEAM188）

三维线性有限应变梁单元 BEAM188 适合于分析从细长到中等粗短的梁结构。该单元基于铁木辛柯梁理论，并考虑了剪切变形的影响。BEAM188 是三维线性（2 节点）梁单元，每个节点有六或七个自由度，自由度个数取决于 KEYOPT（1）的值。KEYOPT（1）= 0（缺省）时，每个节点有六个自由度：节点坐标系的 x、y、z 方向的平动自由度和绕 x、y、z 轴的转动自由度。当 KEYOPT（1）= 1 时，每个节点有七个自由度，这时引入了第七个自由度（横截面的翘曲）。

空间梁单元非常适合于线性大角度转动和非线性大应变问题。当 NLGEOM 打开 ON 时，BEAM188 的应力刚化，在任何分析中都是缺省项。应力刚化选项使该单元能分析弯曲、横向及扭转稳定性问题（用弧长法分析特征值屈曲和坍塌）。

BEAM188 可用于任何采用 SECTYPE、SECDATA、SECOFFSE、SEC-WRITE 及 SECREAD 定义的横截面。该单元支持弹性、蠕变及塑性模型（不考虑横截面子模型）。

2. 三维杆单元（LINK8）

LINK8 有着广泛的工程应用，如桁架、缆索、连杆、弹簧等。这种三维杆单元是杆轴方向的拉压单元，每个节点有三个自由度：沿节点坐标系 x、y、z 方向的平动。就像在铰接结构中的表现一样，该单元不承受弯矩。该单元具有塑性、蠕变、膨胀、应力刚化、大变形、大应变等功能。

3. 板壳单元（SHELL63）

SHELL63 是一种四节点板壳单元，有弯曲和薄膜两种功能，面内和法向载荷都允许。每一个节点有六个自由度，即三个平动自由度和三个转动自由度。单元所承受的力包括单元平面内和垂直于单元平面的力和力矩。该单元包括应力刚化和大变形功能。在大变形分析（有限转动）中，可以用一致切向刚度矩阵。书中用这种单元来模拟杆板式组合网架的上弦钢筋混凝土现浇板。

4. 弹簧单元（COMBIN14）

COMBIN14 在一维、二维或三维应用中有轴向拉压或扭转的能力。

轴向弹簧-阻尼器选项意味着单轴拉压单元，每个节点上至多有三个自由度：沿节点坐标系 x、y、z 方向的平动自由度，不考虑弯曲或者扭转。扭转弹簧-阻尼器选项意味着单纯的旋转单元，每个节点上有三个自由度：绕节点坐标系 x、y、z 轴的旋转自由度，不考虑弯曲或者轴向荷载。弹簧-阻尼器单元没有质量，而且弹簧的长度也无限制，但必须要求其两端节点的自由度要统一。书中采用此单元来模拟网架下部结构柱的支承作用。

3.2 常用有限元软件简介

目前，有限元软件数值模拟已成为现代结构动力分析的重要工具。在众多有限元软件中，Ansys、SAP2000、Midas Gen、ETABS 等在结构有限元中的表现尤为出色。它们可以进行结构静力和动力、线性和非线性分析，功能极其强大。

3.2.1 Ansys 软件简介

Ansys 软件是融结构、热、流体、电磁、声学于一体的大型有限元分析软件，可广泛用于土木工程、核工业、铁道、石油化工、航空航天、机械制造、国防军工、汽车交通、电子、造船、生物医学、轻工、地矿、水利等工业及其科学研究。Ansys 程序是一个功能强大的、灵活的设计分析及优化软件包。该软件可灵活运行于从 PC 机、NT 工作站、UNIX 工作站至巨型机的各类计算机及操作系统中，数据文件在其所有的系列产品和工作平台上均兼容。Ansys 还具有多物理场耦合的功能，允许在同一模型上进行各种各样的耦合计算，如热-结构耦合、磁-结构耦合以及电-磁-流体-热耦合。其在 PC 机上生成的模型同样可运行于巨型机上，这样就保证了所有的 Ansys 用户的多领域多种工程问题的求解。

该软件提供了一个不断改进的功能清单，具体包括结构高度非线性分析、电磁分析、计算流体动力学分析、设计优化、接触分析、自适应网格划分、大应变/有限转动功能，以及利用 Ansys 参数设计语言的扩展宏命令功能。

Ansys 软件提供了比较完善的前处理和后处理功能，利用这些功能可以很方便地建模和处理计算结果。在计算求解方面，该软件提供了多种求解方法，用户可以根据自己的需要选择不同的求解器，这些为用户的个性化使用提供了很大的余地。

在结构分析方面，Ansys 软件提供了多种分析功能，如结构静力分析、非线性分析和结构动力学分析。对于非线性分析，它可以进行几何非线性分析、材料非线性分析和状态非线性分析；对于结构动力学分析，它可以进行模态分析、谐响应分析、瞬态动力学分析、谱分析等。

3.2.2　SAP2000 软件简介

SAP2000 三维图形环境中提供了建模功能（二维模型、三维模型等）、编辑功能（增加模型、增减单元、复制删除等）、分析功能（时程分析、动力反应分析、静力弹塑性分析等）、荷载功能（节点荷载、杆件荷载、板荷载、温度荷载等）、自定义功能以及设计功能等选项，且完全在一个集成的图形界面内实现。其三维结构整体性能强大，空间建模方便，荷载计算功能完善，可从 CAD 等软件导入数据，文本输入、输出功能完善。同时，该软件的结构弹性静力及时程分析功能相当强大，效果好，后期处理方便。不足之处在于弹塑性分析方面功能较弱，有塑性铰属性，非线性计算收敛性较差。SAP2000 软件提供二次开发接口，是结构工程分析中常用的工具。

3.2.3　Midas Gen 软件简介

Midas Gen 是一款建筑领域通用的分析与设计软件，为工程师提供了人性化的操作体验。该软件具有卓越的图形处理能力及尖端的有限元分析内核，其便捷的建模方法和丰富的单元库可实现各类结构体系的建模计算，且内置了丰富的行业规范和多种分析功能，为建筑领域的工程分析与设计提供了全面的解决方案。

3.2.4　ETABS 软件简介

ETABS 是一款集成化的建筑结构分析与设计软件。该软件利用图形化的用户界面来建立一个建筑结构的实体模型对象，通过先进的有限元模型和自定义标准规范接口技术进行结构分析与设计，实现了精确的计算分析过程。另外，用户可自定义（选择不同国家和地区）设计规范来进行结构设计工作。ETABS 集成了面向对象的分析、设计、优化、制图和数字加工环境，其直观、功能强大且基于数字技术的图形用户界面，使得工程师们能够在几个小时内进行全面的设计，包括组织平面和确定用钢量，而不需要烦琐的循环手工确定构件尺寸来满足强度和位移要求。ETABS 的强大分析功能解决了结构工程师们努力了几十年还未解决的建筑设计的许多难点，同时大大提高了设计效率，实用价值很高。

第4章 空间网格结构施工方法

4.1 空间网格结构的拼装

空间网格结构杆件和节点的拼装应在专门的设备或胎具上进行，以保证拼装的精度和互换性。空间网格结构制作与安装中所有焊缝应符合设计要求，当设计无要求时应符合下列规定：

钢管与钢管的对接焊缝应为一级焊缝；球管对接焊缝、钢管与封板（或锥头）的对接焊缝应为二级焊缝；支管与主管、支管与支管的相贯焊缝应符合现行《钢结构焊接规范》（GB 50661—2011）的规定；所有焊缝均应进行外观检查，检查结果应符合《钢结构焊接规范》（GB 50661—2011）的规定；对一级、二级焊缝应做无损探伤检验，一级焊缝探伤比例为100%，二级焊缝探伤比例为20%，探伤比例的计数方法为焊缝条数的百分比，探伤方法及缺陷分级应分别符合现行行业标准《钢结构超声波探伤及质量分级法》（JG/T 203—2007）和《钢结构焊接规范》（GB 50661—2011）的规定。空间网格结构的杆件接长不得超过一次，接长杆件总数不应超过杆件总数的10%，并不得集中布置。杆件的对接焊缝距节点或端头的最短距离不得小于500 mm。

4.1.1 网架结构的拼装

网架的拼装一般可分为小拼与总拼两个过程。小拼单元指网架结构安装工程中除散件之外的最小安装单元，一般分为平面桁架和锥体两种类型。中拼单元指网架结构安装工程中由散件和小拼单元组成的安装单元，一般分为条状和块状两种类型。拼装时要选择合理的焊接工艺，尽量减小焊接变形和焊接应力。拼装的焊接顺序应从中间开始，并向两端或四周延伸。有焊接节点的网架在拼装后，应对其所有的焊缝作全面检查，对大、中跨度的钢管网架的对接焊缝，应作无损检测。

1. 网架结构拼装准备

（1）主要机具。

① 加工机具：电焊机、氧-乙炔设备、砂轮锯、钢管切割机床等。

② 检测仪器：钢卷尺、钢板尺、游标卡尺、测厚仪、超声波探伤仪、磁粉探伤仪、卡钳、百分表等。

③ 辅助工具：铁锤、钢丝刷等。

（2）作业条件。

① 拼装焊工必须持有焊接考试合格证，有相应焊接工位的资格证明。

② 拼装前应对拼装场地做好安全防护措施、防火措施。拼装前应对拼装胎位进行检测，防止胎位移动和变形。拼装胎位应留出恰当的焊接变形余量，防止拼装杆件变形、角度变形。

③ 拼装前检查杆件尺寸、坡口角度以及焊缝间隙应符合规定。

④ 熟悉拼装图纸，编制好拼装工艺，做好技术交底。

⑤ 拼装前应对拼装用的高强螺栓逐个进行硬度试验，达到标准值才能用于拼装。

（3）作业准备。

① 螺栓球加工时机具的准备、机具与夹具的调整、角度的确定。

② 焊接球加工时加热炉的准备、焊接球压床的调整、工具与夹具的准备。

③ 焊接球半圆胎架的制作与安装。

④ 焊接设备的选择与焊接参数的设定。采用自动焊时，自动焊设备的安装与调试，氧-乙炔设备的安装等。

⑤ 拼装用高强螺栓在拼装前应全部加以保护，防止焊接时飞溅影响到螺纹。

⑥ 焊条和焊剂的烘烤与保温，焊材的烘烤与保温应有专门烤箱。

2. 网架结构中的小拼单元

钢网架小拼单元一般是指焊接球网架的拼装。螺栓球网架在杆件拼装、支座拼装之后即可安装，不进行小拼单元的制作。

（1）小拼单元的划分原则。

① 尽量增大工厂焊接的工作量比例。

② 应将所有节点都焊在小拼单元上，在网架总拼时仅连接杆件。

（2）小拼单元的制作。

根据网架结构的施工原则，小拼及中拼单元均应在工厂内制作。

小拼单元的拼装是在专用模架上进行的，以确保小拼单元形状尺寸的准确性。小拼模架有平台型和转动型两种，如图 4.1 和图 4.2 所示。平台型类似于平面桁架的放样拼整平台。转动型是将节点与杆件夹在特制的模架上，待点焊定位后，再在此转动的模架上全面施焊。这样，焊接条件较好，焊接质量易于保证。

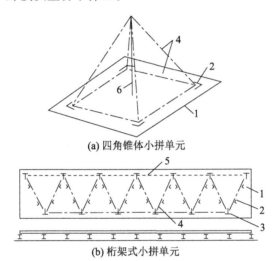

(a) 四角锥体小拼单元

(b) 桁架式小拼单元

1—拼装平台；2—用角钢做的靠山；3—搁置节点槽口；4—网架杆件中心线；

5—临时上弦；6—标杆。

图 4.1　平台型模架示意图

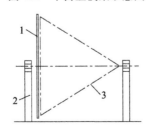

1—模架；2—支架；3—锥体网架杆件。

图 4.2　转动型模架示意图

在划分小拼单元时，应考虑网架结构的类型及总拼方案的具体条件。小拼单元可以为平面桁架或单个锥体，其原则是应尽量使小拼单元本身为一几何不变体。图 4.3 所示为划分小拼单元的一些实例，图 4.3a 所示为两向正交斜放网架小拼单元的布置；图 4.3b 所示为斜放四角锥网架分割方案，这时的小拼单元必须加设可靠的临时上弦，以免在翻身或吊运时变形。对于斜放四角锥网架，也可采用四角锥体小拼单元，此时，节点均连在单元体上，总拼时只需连接单元间的杆件。

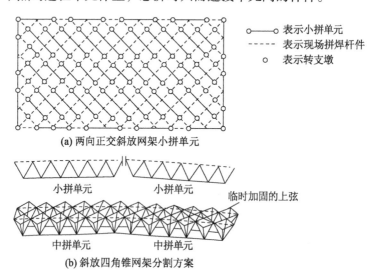

——○—— 表示小拼单元
- - - - - 表示现场拼焊杆件
○ 表示转支墩

(a) 两向正交斜放网架小拼单元

小拼单元　　　　　　　小拼单元　　　临时加固的上弦

中拼单元　　　　　　　中拼单元

(b) 斜放四角锥网架分割方案

图 4.3　网架小拼单元的划分

3. 网架结构总拼

网架结构在总拼时，应选择合理的焊接工艺顺序，以减小焊接变形与焊接应力。一般宜采用由中间向两端或四周扩展的拼装与焊接顺序，这样可以使网架在焊接时能比较自由地收缩。如果采用相反的拼装与焊接顺序，易产生封闭圈使杆件产生较大的焊接应力。

网架总拼时，除必须遵守施焊的原则外，还应将整个网架划分成若干圈，先焊内圈的下弦杆构成下弦网格，再焊腹杆及上弦杆；然后再按此顺序焊外面一圈，逐渐向外扩展。这样上、下弦交替施焊，收缩均匀，有利于保持单片桁架的垂直度和网格的设计形状。如果焊接顺序不合理，则在焊接后易出现角部翘起或中心拱起等现象。当网架采用条（块）状单元在高空进行总拼时，为保证网架总拼后几何尺寸及形状的准确，应先在地面进行预拼装。当采用整体吊装、提升、顶升等安装方法时，网架在地面进行拼装。为便于控制和调整，拼装支架应设在下弦节点处。拼装支架可在混凝土基础上安放短钢管或砌筑临时性砖墩构成。网架结构在地面拼装时应精确放线，其对精度要求更高，这主要考虑到网架在地面拼装后还有一个吊装过程，容易造成变形而增大尺寸偏差。

网架总拼后，所有焊缝应经外观检查并作记录，对大、中跨度网架的重要部位的对接焊缝应作无损探伤检查。

螺栓球节点的网架拼装时，一般也是先拼下弦，将下弦的标高和轴线校正后，拧紧全部螺栓，起定位作用。开始连接腹杆时，螺栓不宜拧紧，但必须使其与下弦节点连接的螺栓吃上劲，以免周围螺栓都拧紧后，这个螺栓可能偏歪而无法拧紧。连接上弦时，开始时不能拧紧，待安装几行后再拧紧前面的螺栓，如此循环进行。在整个网架拼装完成后，必须进行一次全面检查，看螺栓是否都拧紧。

为保证网架几何尺寸，减少累积误差的影响，网架拼装方向很重要，一般都是从中间开始向外扩展拼装的，但也可从一端向另一端进行拼装。网架的拼装方向如图 4.4 所示。

(a) 北京大学生体育馆
网架拼装方向

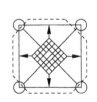
(b) 陕西省体育馆
网架拼装方向

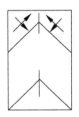
(c) 首都体育馆
网架拼装方向

图 4.4　网架拼装方向示意图

4.1.2　管桁架结构的拼装

管桁架现场拼装的顺序如下：支撑架胎模基础施工→胎架制作→胎架尺寸、拱度、水平度、稳定性校核→单段桁架起吊就位→桁架整体拼装定位→校正→检验→对接焊缝焊接→超声波探伤检测→焊后校正→监理工程师检查验收→涂装→检验合格→吊入场地。具体操作流程如图 4.5 所示。

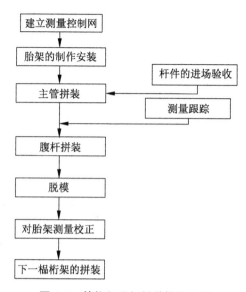

图 4.5　管桁架现场拼装操作流程

1. 拼装胎架设计和安装

（1）胎架设计。

① 胎架制作流程。胎架制作流程如图 4.6 所示。

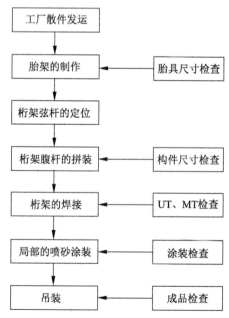

图 4.6　胎架制作流程

　　拼装场地整平压实后上铺钢板形成刚性平台，上部胎架固定在钢板上。为了保证主桁架的拼装精度以及主桁架在拼装完成后便于起吊等，在"牛腿"的上端搁置一个限位块和可调节高度及水平度的调节装置。

　　管桁架拼装胎架主承重杆件截面形式和截面大小要根据所需拼装的管桁架自重来确定。对于自重大的管桁架结构的主承重杆件，可采用 H型钢截面，对于自重小的可采用角钢截面，其余杆件采用角钢即可满足要求，如图 4.7 和图 4.8 所示。

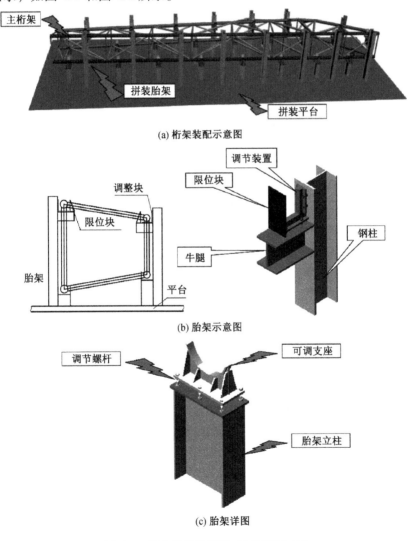

(a) 桁架装配示意图

(b) 胎架示意图

(c) 胎架详图

图 4.7　拼装胎架示意图（H 型钢立柱）

(a) 桁架装配示意图　　　　　　　　　(b) 拼装胎架

图 4.8　管桁架拼装胎架（角钢立柱）

胎架的设计和布置根据主拱架的分段情况和分段点的位置来确定，设计胎架时要考虑桁架分段处的上、下弦杆的接口及腹杆的拼装，在断开面中间设置空档，以留出焊接空间，在对接口下面焊接时，焊工可从胎架侧面进入胎架顶部第一层平台，施焊胎架的下弦支撑采用 H 型钢，H 型钢两端搁置在型钢柱的"牛腿"上，吊装时将此 H 型钢取下，以免影响桁架的吊装。

② 胎架制作技术要求。

管桁架一般采用侧卧方式进行地面组拼，平台及胎架支撑必须有足够的刚度。在平台上应明确标明主要控制点，作为构件制作时的基准点。管桁架安装现场，胎架的数量根据现场场地情况、吊装要求、施工周期等而定，以管桁架拼装速度与安装速度相匹配为宜，减少或避免窝工现象。拼装时，在平台（已测平，误差在 2 mm 以内）上画出三角形桁架控制点的水平投影点，打上钢印或其他标记。将胎架固定在平台上，用水准仪或其他测平仪器对控制点的垂直标高进行测量，通过调节水平调整板或螺栓确保构件控制点的垂直标高尺寸符合图纸要求，偏差在 2 mm 以内。然后将桁架弦杆按其具体位置放置在胎架上，先通过挂锤球或利用其他仪器确保桁架上的控制点的垂直投影点与平台上画的控制点重合，再固定定位卡，确保弦杆位置正确。确定主管相对位置时，必须注意放焊接收缩余量。

（2）桁架弦杆的对接。

由于桁架的弦杆长度较大，需在现场进行对接，对接在专用的钢管对接架上进行，其胎架如图 4.9 和图 4.10 所示。管桁架弦杆对接接头形式如图 4.11 所示。

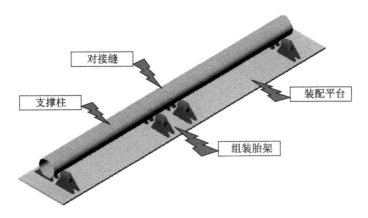

图 4.9 弦杆对接胎架示意图

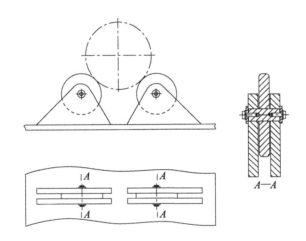

图 4.10 圆管对接胎架示意图

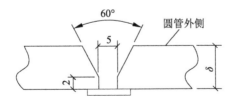

图 4.11 管桁架弦杆对接接头形式（单位：mm）

（3）管桁架的拼装。

工程中由于管桁架的体量较大，一般采取工厂散件加工以及现场拼装的方法。管桁架的拼装顺序如图 4.12 所示。

步骤1：拼接上弦杆　　　　　　　　　　步骤2：拼接下弦杆

步骤3：拼接上、下弦之间腹杆　　　　步骤4：拼接上弦杆及上弦之间杆件

步骤5：拼接上、下弦之间腹杆，完成该段拼装

图 4.12　管桁架的拼装顺序

在平台（已测平，误差在 2 mm 以内）上画出桁架控制点的水平投影点，打上钢印或其他标记。将胎架焊接在平台上，用水准仪或其他测平仪器对控制点的垂直标高进行测量，通过调节水平调整板或螺栓确保构件控制点的垂直标高尺寸符合图纸要求，偏差在 2 mm 以内。然后将球节点和弦杆按其具体位置放置在胎架上，先通过挂锤球或利用其他仪器确保桁架上的控制点的垂直投影点与平台上画的控制点重合，再固定定位块，确保弦杆位置正确。确定主管相对位置时，必须放焊接收缩余量。在胎架上对主管的各节点的中心线进行画线。装配腹杆，并定位焊，对腹杆接头定位焊时，定位不得少于 4 点。定位好后，对 W 形桁架进行焊接，先焊未靠住胎架的一面，焊好后，用吊机将桁架翻身，再焊

另一面。焊接时，为保证焊接质量，尽量避免仰焊、立焊。在组装时，应考虑桁架的预起拱值，根据起拱高度和跨度在电脑上用 CAD 软件实际放样，可求出每根杆件下料长度。

预起拱值按照规范的规定执行，桁架跨度大于 24 m 时可起拱 $L/500$，跨度小的不需要起拱。

2. 钢管焊接

（1）焊接基本要求。

① 选用合适焊条。选用低氢钾型碱性 E5016 焊条，交直流两用。焊条焊芯直径分为<3.2 mm 和<4.0 mm 两种。当采用<3.2 mm 焊条时，焊接电流为 100~120 A，主要用于 V 形坡口和角焊缝的根部焊缝，确保根部熔透。当采用<4.0 mm 焊条时，焊接电流为 160~210 A，主要用于上层焊道或盖面层的焊接，以保证焊道相互熔合，并提高焊接效率。

② 提高操作技术，掌握运条方式操作要点。根据焊接位置和焊缝走向，随时调整运条方式和焊条倾斜角度；保证焊缝根部熔透；防止气孔、夹渣和咬边；当立焊、仰焊时，防止钢水下垂，确保焊缝尺寸；施焊中，若发现焊接缺陷，及时查找原因并消除。

③ 配备熟练焊工。配备技术较高的熟练焊工施焊。有的节点有熔透焊缝，也有角焊缝，还有从熔透焊缝逐步过渡到角焊缝，焊工须精心操作，以满足设计图纸的要求。

④ 控制应力与变形。在桁架施焊过程中采取各项有效措施，尽量减小焊接残余应力，控制焊接变形量。在厚板焊接时，确保无层状撕裂。

⑤ 焊接工艺评定。对于重要的、比较复杂的节点的焊接工艺，在正式施焊前，均应进行焊接工艺评定，确认试件焊接质量符合设计要求后，才允许施焊。

（2）焊接工艺评定。

钢结构现场安装焊接工艺评定方案，是针对现场钢结构焊接施工特点，选用适应工程条件的焊接位置进行试验的。按照《钢结构焊接规范》（GB 50661—2011）第 6 章"焊接工艺评定"的具体规定及设计施工图的技术要求，在施工前进行焊接工艺评定。焊接工艺评定的试件应从与工程中使用的相同钢材中取样。

① 焊接工艺评定的目的。焊接工艺评定的目的是针对各种类型的焊

接节点确定出最佳焊接工艺参数，从而制定完整、合理、详细的工艺措施和工艺流程。

② 焊接工艺评定的条件。除符合《钢结构焊接规范》（GB 50661—2011）第 6.6 节规定的免予焊接工艺评定的条件外，施工单位首次采用的钢材、焊接材料、焊接方法、接头形式、焊接位置、焊后热处理制度以及焊接工艺参数、预热和后热措施等各种参数的组合条件，应在钢结构构件制作及安装施工之前进行焊接工艺评定。

③ 焊接工艺评定的内容。焊接工艺评定的内容如下：选择有工程代表性的材料种类和规格、拟投入的焊材，进行可焊性试验及评定；选定有代表性的焊接接头形式，进行焊接试验及工艺评定；选择拟使用的作业机具，进行设备性能评定；模拟现场实际的作业环境条件，采取预防措施和不采取措施进行焊接，评定环境条件对焊接施工的影响程度；对已经取得焊接作业资格的焊接技工进行代表性检验，评定焊工技能在工程焊接施工中的适应程度；通过相应的检测手段对焊件焊后质量进行评定；通过评定确定指导实际生产的具体步骤、方法以及参数；通过评定确定焊后实测试板的收缩量，确定所用钢材的焊后收缩值。

④ 焊接工艺评定程序。焊接工艺评定程序按表 4.1 和图 4.13 进行。

表 4.1　焊接工艺评定程序

序号	焊接工艺评定程序
1	由技术员提出焊接工艺评定任务书（焊接方法、试验项目和标准）
2	焊接责任工程师审核任务书并拟定焊接工艺评定指导书（焊接工艺规范参数）
3	焊接责任工程师依据相关国家标准规定，监督由本企业熟练焊工施焊试件及对试件、试样进行检验、测试等工作
4	焊接试验室责任人负责评定送检的试样的工作，并汇总评定检验结果，提出焊接工艺评定报告
5	焊接工艺评定报告经焊接责任工程师审核、企业技术总负责人批准后，正式作为编制指导生产的焊接工艺的可靠依据
6	焊接工艺评定所用设备、仪表应处于正常工作状态，钢材、焊材必须符合相应标准，试件应由本企业持有焊接作业资格的技术熟练的焊工施焊

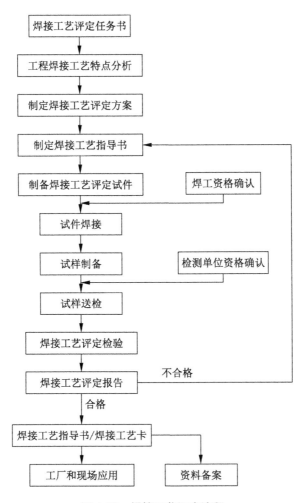

图4.13　焊接工艺评定流程

　　⑤ 焊接工艺评定的试件要求。焊接工艺评定的试件应该从工程中使用的相同钢材中取样，由钢结构制作厂家按要求制作加工并运至指定的地点，试件必须满足上述焊接规范"6.4 试件和检验试样的制备"的要求。

　　⑥ 焊接工艺评定指导书。工程中所有的焊接工艺评定依据焊接规范进行。

4.2 空间网格结构的安装

4.2.1 空间网格结构安装常用方法

空间网格结构的安装方法,应根据结构的类型、受力和构造特点,在确保质量、安全的前提下,结合施工进度、经济性及施工现场技术条件等综合确定。常用的安装方法有高空散装法、分条或分块安装法、高空滑移法、整体吊升法、提升法、顶升法等。

空间网格结构正式安装前宜进行局部或整体试拼装,当结构较简单或确有把握时可不进行试拼装。安装方法确定后,应分别对空间网格结构各吊点反力、竖向位移、杆件内力、提升或顶升时支承柱的稳定性及风载下空间网格结构的水平推力等进行验算,必要时应采取临时加固措施。当空间网格结构分割成条状、块状或使用悬挑法安装时,应对各相应施工工况进行跟踪验算,对有影响的杆件和节点应进行调整。

安装用支架或起重设备拆除前,应对相应各阶段工况进行结构验算,以选择合理的拆除顺序。安装阶段结构的动力系数宜按下列数值选取:液压千斤顶提升或顶升,取1.1;穿心式液压千斤顶钢绞线提升,取1.2;塔式起重机、拔杆吊装,取1.3;履带式、汽车式起重机吊装,取1.4。空间网格结构不得在六级及以上的风力下进行安装。空间网格结构在进行涂装前,必须对构件表面进行处理,清除毛刺、焊渣、铁锈、污物等。经过处理的表面应符合设计要求和国家现行有关标准的规定。空间网格结构宜在安装完毕形成整体后,再进行屋面板及吊挂构件等的安装。

1. 高空散装法

高空散装法是指运输到现场的运输单元体(平面桁架或锥体)或散件,用起重机械吊升到高空对位拼装成整体结构的方法。这种方法在拼装过程中始终有一部分网架悬挑着,当网架悬挑拼接成一个稳定体系时,不需要设置任何支架来承受其自重和施工荷载。当跨度较大,拼接到一定悬挑长度后,设置单肢柱或支架支承悬挑部分,以减小或避免因自重和施工荷载而产生的挠度。

高空散装法有全支架(即满堂红脚手架)法和悬挑法两种,全支架法多用于散件拼装，悬挑法则多用于小拼单元在高空总拼，可以少搭支架。

拼装可从脊线开始，或从中间向两边发展，以减小累积误差和便于控制标高。拼装过程中应随时检查基准轴线位置、标高及垂直偏差，并及时纠正。

（1）支架的设置。

支架既是网架拼装成型的承力架，又是操作平台支架，所以应满足强度、刚度以及单肢及整体稳定性的要求。对于重要的工程或大型工程，还应对支架进行试压，以确保支架安全可靠。拼装支架的各项验算可按一般钢结构设计方法进行。

支架一般用扣件和钢管搭设，搭设位置必须对准网架下弦节点。因此，为了调整沉降值和卸荷方便，可在网架下弦节点与支架之间设置调整标高用的千斤顶。

（2）支架整体沉降量控制。

支架支座下应采取措施防止支座下沉，可采用木楔或千斤顶进行调整。

支架的整体沉降量包括钢管接头的空隙压缩、钢管的弹性压缩、地基的沉陷等。如果地基情况不良，要采取夯实加固等措施，并且要用木板铺地以分散支柱传来的集中荷载。高空散装法要求支架沉降不得超过5 mm，应给予足够重视。大型网架施工时，可对支架进行试压，以取得所需资料。

拼装支架不宜采用竹质或木质材料，因为这些材料容易变形且易燃，故当网架用时禁用。

（3）支架的拆除。

支架的拆除应在网架拼装完成后进行，拆除顺序宜根据各支撑点的网架自重挠度值，采用分区分阶段按比例或用每步不大于10 mm的逐步下降法降落，以防止个别支承点集中受力，造成拆除困难。对于小型网架，可采用一次性同时拆除的方法，但必须速度一致。对于大型网架，每次拆除的高度可根据自重挠度值分批进行。

（4）网架的拼装操作。

网架总的拼装顺序：从一端开始向另一端以两个三角形同时推进，

待两个三角形相交后，则按"人"字形逐榀向前推进，最后在另一端的正中合拢。每榀块体的安装顺序：一开始，两个三角形部分是由屋脊部分分别向两边拼装，待两个三角形相交后，则由交点开始同时向两边拼装，如图 4.14 所示。

吊装分块（分件）用 2 台履带式或塔式起重机进行，拼装支架用钢制，可局部搭设成活动式，亦可满堂红搭设。分块拼装后，在支架上分别用方木和千斤顶顶住网架中央竖杆下方进行标高调整，如图 4.14c 所示，其他分块则随拼装拧紧高强螺栓，与已拼好的分块连接即可。当采取分件拼装时，一般采取分条进行，拼装顺序如下：支架抄平、放线→放置下弦节点垫板→依次组装下弦、腹杆、上弦支座（由中间向两端，或者由一端向另一端扩展）→连接水平系杆→撤出下弦节点垫板→总拼精度校验→上油漆。每条网架组装完，经校验无误后，按总拼顺序（见图 4.15）进行下一条网架的组装，直至拼装全部完成。

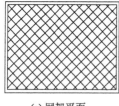 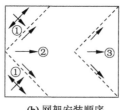

(a) 网架平面   (b) 网架安装顺序   (c) 网架块体临时固定方法

①②③—安装顺序；1—第一榀网架块体；2—吊点；3—支架；
4—枕木；5—液压千斤顶。

图 4.14 高空散装法安装网架

(a) 由中间向两边发展   (b) 由中间向四周发展   (c) 由四周向中间发展
形成封闭圈

图 4.15 总拼顺序示意图

（5）特点与适用范围。

高空散装法的优点是不需要大型起重设备，对场地要求不高，能在高空一次拼装完毕；缺点是现场及高空作业量大，不易控制标高、轴线和质量，工效降低，而且需要搭设大规模的拼装支架，耗用大量材料。这种方法适用于非焊接连接（如螺栓球节点、高强螺栓节点等）的各种网架的拼装，不宜用于焊接球网架的拼装，因焊接易引燃脚手板，操作不够安全。

2. 分条或分块安装法

分条或分块安装法是指将高空散装法的组合规模扩大，主要在网架、网壳结构中应用。为适应起重机械的起重能力和减少高空拼装工作量，这种方法将网架屋盖划分为若干个单元，先在地面拼装成条状或块状组合单元体，再用起重机械或设在双肢柱顶的起重设备（钢带提升机、升板机等）将组合单元体垂直吊升或提升到设计位置，最后拼装成整体网架结构。

条状单元是指将网架沿长跨方向分割为若干区段，每个区段的宽度是 1~3 个网格，其长度为网架的短跨或 1/2 短跨。块状单元是指将网架沿纵横方向分割成矩形或正方形单元，每个单元的质量以现有起重机的吊装能力为准。

这种施工方法的大部分焊接、拼装工作是在地面进行的，既能保证工程质量，又可省去大部分拼装支架，还能充分利用现有起重设备，比较经济。分条或分块安装法适用于分割后刚度和受力状况改变较小的网架，如两向正交网架、正放四角锥网架、正放抽空四角锥网架等。

（1）条状单元组合体的划分。

条状单元组合体是沿着屋盖长的方向划分的。对于桁架结构，是将一个节间或两个节间的两榀或三榀桁架组成条状单元体；对于网架结构，则是将一个或两个网格组装成条状单元体。组装后的网架条状单元体往往是单向受力的两端支承结构。分条或分块安装法适用于划分后的条状或块状单元体在自重作用下能形成一个稳定体系，其刚度与受力状态改变较小的正放类网架或受力状况未改变的桁架结构类似。网架条状单元体的刚度要经过验算，必要时应采取相应的临时加固措施。

通常情况下，条状单元的划分有以下几种形式。

① 网架单元相互靠紧，把下弦双角钢分在两个单元上，如图 4.16a 所示。此法可用于正放四角锥网架。

② 网架单元相互靠紧，单元间上弦用剖分式安装节点连接，如图 4.16b 所示。此法可用于斜放四角锥网架。

③ 单元之间空一节间，该节间在网架单元吊装后再在高空拼装，如图 4.16c 所示。此法可用于两向正交正放或斜放四角锥网架等。

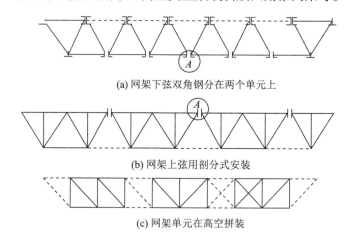

(a) 网架下弦双角钢分在两个单元上

(b) 网架上弦用剖分式安装

(c) 网架单元在高空拼装

图 4.16　网架条状单元划分方法

分条（分块）单元自身应是几何不变体系，同时还应有足够刚度，否则应加固。对于正放类网架，在分割成条（块）状单元后，其自身在重力作用下能形成几何不变体系，有一定刚度，一般不需要加固。但对于斜放类网架，在分割成条（块）状单元后，由于上弦为菱形可变体系，因而必须加固后才能吊装。图 4.17 所示为斜放四角锥网架上弦加固方法。

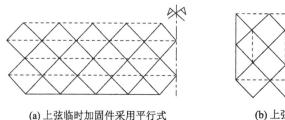

(a) 上弦临时加固件采用平行式

(b) 上弦临时加固件采用间隔式

图 4.17　斜放四角锥网架上弦加固方法

（2）块状单元组合体的划分。

块状单元组合体的分块，一般在网架平面的两个方向上均有切割，其大小视起重机的起重能力而定。切割后的块状单元体大多是两邻边或一边有支承，一角点或两角点要增设临时顶撑予以支承的；也有将边网格切除的块状单元体，在现场地面对准设计轴线组装，边网格留在垂直吊升后再拼装成整体网架，如图 4.18 所示。

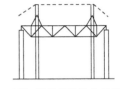

(a) 网架在室内砖支墩上拼装　(b) 用独脚拔杆起吊网架　(c) 网架吊升后将边节各杆件及支座拼装上

图 4.18　网架吊升后拼装边节间

（3）网架的吊装操作。

网架的吊装有单机跨内吊装和双机跨外抬吊两种方法，如图 4.19a，b 所示。在跨中下部设可调立柱、钢顶撑，以调节网架跨中挠度，如图 4.19c 所示。网架吊上后即可将半圆球节点焊接和安设下弦杆件，待全部作业完成后，拧紧支座螺栓，拆除网架下立柱，即告完成。

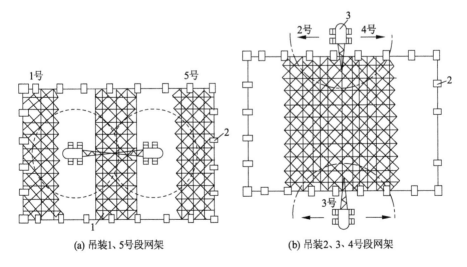

(a) 吊装 1、5 号段网架　　　　(b) 吊装 2、3、4 号段网架

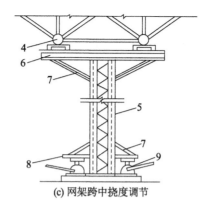

(c) 网架跨中挠度调节

1—网架；2—柱子；3—履带式起重机；4—下弦钢球；5—钢支柱；

6—横梁；7—斜撑；8—升降顶点；9—液压千斤顶。

图 4.19 分条或分块安装法安装网架

（4）网架挠度控制。

网架条状单元在吊装就位过程中的受力状态属平面结构体系，而网架结构是按空间结构设计的，因而条状单元在总拼前的挠度要比网架形成整体后该处的挠度大，故在总拼前必须在合龙处用支撑顶起调整挠度，使其与整体网架挠度符合。块状单元在地面制作后，应模拟高空支承条件，拆除全部地面支墩后观察施工挠度，必要时也应调整其挠度。

（5）网架尺寸控制。

条（块）状单元尺寸必须准确，以保证高空总拼时节点吻合和减少累积误差，一般可采取预拼装或现场临时配杆件等措施解决。

（6）特点与适用范围。

分条或分块安装法的优点是所需起重设备较简单，不需大型起重设备；可与室内其他工种平行作业，缩短总工期，用工省、劳动强度低、高空作业量减少、施工速度快、费用低。其缺点是需搭设一定数量的拼装平台；另外，拼装时容易造成轴线的累积误差，一般要采取试拼装、套拼、散件拼装等措施来控制。

分条或分块安装法的高空作业量较高空散装法减少，同时只需搭设局部拼装平台，拼装支架量也大大减少，并可充分利用现有起重设备，比较经济，但施工应注意保证条（块）状单元体制作精度和控制起拱，以免造成总拼困难。这种方法适用于分割后刚度和受力状况改变较小的各种中小型网架，如双向正交正放网架、正放四角锥网架、正放抽空四角锥网架等。对于场地狭小或跨越其他结构起重机无法进入网架安装区域时尤为适宜。

3. 高空滑移法

高空滑移法是将网架条状单元组合体在已建结构上空进行水平滑移对位总拼的一种施工方法，可在地面或支架上扩大拼装条状单元，并将网架条状单元提升到预定高度后，利用安装在支架或圈梁上的专用滑行轨道，水平滑移对位拼装成整体网架。此时条状单元可以在地面拼成后用起重机吊至支架上，如起重设备能力不足或有其他因素，也可用小拼单元甚至散件在高空拼装平台上拼成条状单元。高空拼装平台一般设置在建筑物的一端，宽度约大于两个节间，滑移时网架的条状单元由一端滑向另一端。

（1）高空滑移法分类。

① 按滑移方式分类。按滑移方式不同，高空滑移法可分为单条滑移法和逐条累积滑移法两类。

单条滑移法如图 4.20a 所示，先将条状单元一条条地分别从一端滑移到另一端就位安装，各条在高空进行连接。

逐条累积滑移法如图 4.20b 所示，先将条状单元滑移一段距离（能连接上第 2 条单元的宽度），连接上第 2 条单元后，两条单元一起再滑移一段距离（宽度同上），再接第 3 条单元，三条单元又一起滑移一段距离，如此循环操作直至接上最后一条单元。

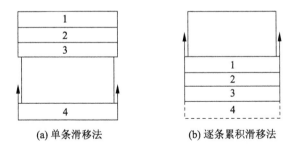

(a) 单条滑移法　　　　　　(b) 逐条累积滑移法

图 4.20　高空滑移法

② 按滑移坡度分类。按滑移坡度不同，高空滑移法可分为水平滑移法、下坡滑移法及上坡滑移法三类。如果建筑平面为矩形，可采用水平

滑移法或下坡滑移法。当建筑平面为梯形时，又为短边高、长边低、上弦节点支承式网架，则应采用上坡滑移法；当短边低、长边高，或为下弦节点支承式网架，则可采用下坡滑移法。

③ 按牵引力作用方向分类。按滑移时牵引力作用方向不同，高空滑移法可分为牵引法及顶推法两类。牵引法即将钢丝绳钩扎于网架前方，用卷扬机或手扳葫芦拉动钢丝绳，牵引网架前进，作用点受拉力。顶推法即用千斤顶顶推网架后方，使网架前进，作用点受压力。高空滑移法网架安装如图 4.21 所示。

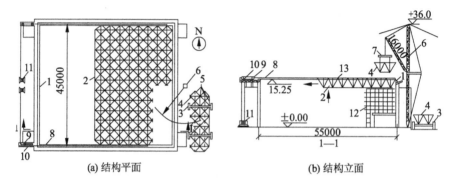

(a) 结构平面　　　　　　　　　　(b) 结构立面

1—边梁；2—已拼网架单元；3—运输车轮；4—拼装单元；5—拼装支架；

6—拔杆；7—吊具；8—牵引索；9—滑轮组；10—滑轮组支架；

11—卷扬机；12—拼装支架；13—拼接缝。

图 4.21　高空滑移法网架安装示意图

④ 按摩擦方式分类。按摩擦方式不同，高空滑移法可分为滚动式滑移法及滑动式滑移法两类。滚动式滑移法即在网架上装滚轮，网架滑移是通过滚轮与滑轨之间的滚动摩擦方式进行的。滑动式滑移法即将网架支座直接搁置在滑轨上，网架滑移是通过支座底板与滑轨间的滑动摩擦方式进行的。

（2）滑移装置。

① 滑轨。滑移用的轨道有各种形式。对于中小型网架，滑轨可用圆钢、扁铁、角钢及小型槽钢制作；对于大型网架，滑轨可用钢轨、工字钢、槽钢等制作。滑轨可焊接或用螺栓固定于梁顶面的预埋件上，轨面标高应高于或等于网架支座设计标高，滑轨接头处应垫实。其安装水平度及接头要符合有关技术要求。网架在滑移完成后，应将支座固定于底

板上，以便于连接。

②导向轮。导向轮主要是作为安全保险装置用的，一般设在滑轨内侧，在正常滑移时导向轮与滑轨脱开，其间隙为 10~20 mm，只有当同步差超过规定值或拼装误差在某处较大时二者才碰上，如图 4.22 所示。但是在滑移过程中，如果左右两台卷扬机以不同时刻启动或停车，也会造成导向轮顶上滑轨的情况。

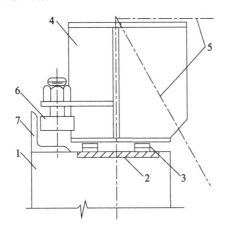

1—天沟梁；2—预埋钢板；3—轨道；4—支座；5—牵引索；6—导向轮；7—滑轨。

图 4.22　滑轨与导向轮

（3）滑移操作。

滑移平台由钢管脚手架和升降调平支承组成，如图 4.23 所示。滑移起始点应尽量利用已建结构物，如门厅、观众厅，高度应比网架下弦低 40 cm，以便在网架下弦节点与平台之间设置千斤顶，用以调整标高；平台上应铺设安装模架，平台宽度应略大于两个节间。

网架拼装时，应先在地面将杆件拼装成两球一杆或四球五杆的小拼构件，然后用悬臂式拔杆、塔式或履带式起重机，按组合拼接顺序吊到拼接平台上进行扩大拼装。网架扩大拼装时，应先就位点焊拼接网架下弦方格，再点焊立起横向跨度方向角腹杆。每节间单元网架部件点焊拼接顺序，由跨中向两端对称进行，焊完后临时加固。牵引可用慢速卷扬机或绞磨进行，并设减速滑轮组。牵引点应分散设置，滑移速度应控制在 0.5 m/min 以内，并要求做到两边同步滑移。当网架跨度大于 50 m 时，应在跨中增设一条平稳滑道或辅助支顶平台。

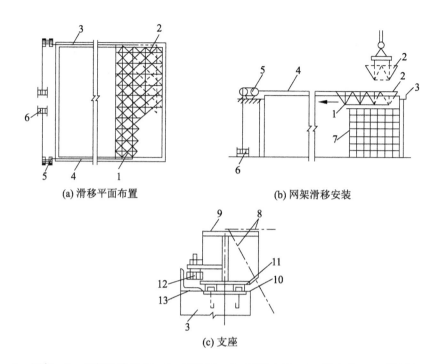

(a) 滑移平面布置　　　　　　　　(b) 网架滑移安装

(c) 支座

1—网架；2—网架分块单元；3—天沟梁；4—网架支座；5—滑车组；6—卷扬机；
7—拼装平台；8—网架杆件中心线；9—网架支座；10—预埋件；11—型钢导轨；
12—导向轮；13—滑轨。

图 4.23　高空滑移法安装网架

网架滑移可用卷扬机或手扳葫芦及钢索液压千斤顶进行，根据牵引力大小及网架支座之间的系杆承载力，可采用一点或多点牵引。牵引力按下式进行验算：

滑动摩擦时：

$$F_{t} \geqslant \mu_1 \xi G_{0k}$$

滚动摩擦时：

$$F_{t} \geqslant \left(\frac{k}{r_1} + \mu_2 \frac{r}{r_1} \right) \cdot G_{0k} \cdot \xi_1$$

式中：F_{t}——总起动牵引力。

G_{0k}——网架总自重标准值。

μ_1——滑动摩擦系数，在自然轧制表面，经粗除锈并充分润滑的钢与钢之间，可取 0.12~0.15。

μ_2——摩擦系数，在滚轮与滚轮轴之间，或经机械加工后充分润滑的钢与钢之间，可取 0.1；滚珠轴承取 0.015；稀油润滑取 0.8。

ξ——阻力系数，当有其他因素影响时，可取 1.3~1.5。

ξ_1——阻力系数，由小车安装精度、钢轨安装精度、牵引的不同步程度等多种因素确定，取 1.1~1.3。

k——钢制轮与钢之间的滚动摩擦力臂，当圆顶轨道车轮直径为 100~150 mm 时，取 0.3 mm；车轮直径为 150~300 mm 时，取 0.4 mm。

r_1——滚轮的外圆半径，mm。

r——轴的半径，mm。

（4）同步控制。

当拼装精度要求不高时，控制同步可在网架两侧的梁面上标出尺寸，牵引时同时报出滑移距离。当同步要求较高时，可采用自整角机同步指示器，以便指挥台随时观察牵引点移动情况，其读数精度为 1 mm。自整角机同步指示器的安装如图 4.24 所示。网架滑移应尽量同步进行，两端不同步值不大于 50 mm。牵引速度控制在 0.5 m/min 以内较好。

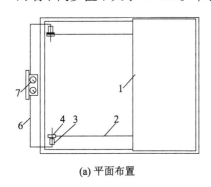
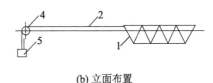

(a) 平面布置　　　　　　　　　　(b) 立面布置

1—网架；2—钢丝绳；3—自整角机发送端；4—转盘；5—平衡重；

6—导线；7—自整角机接收端及读数示意。

图 4.24　自整角机同步指示器安装示意图

（5）挠度的调整。

当网架单条滑移时，一定要控制跨中挠度不要超过整体安装完毕后的设计挠度，否则应采取措施，或加大网架高度，或在跨中增设滑轨，滑轨下的支承架应满足强度、刚度以及单肢和整体稳定性要求，必要时还应进行试压，以确保安全可靠。当由于跨中增设滑轨引起网架杆件内力变化时，应采取临时加固措施，以防失稳。

当网架单条滑移时，其施工挠度的情况与分条或分块安装法完全相同；当逐条累积滑移时，网架的受力情况仍然是两端自由搁置的主体桁架，因而滑移时网架虽仅承受自重，但其挠度仍比形成整体后的大。因此，在连接新的单元前，都应将已滑移好的部分网架进行挠度调整，然后再拼接。滑移时应加强对施工挠度的观测，以便随时调整。

（6）特点与适用范围。

高空滑移法施工时可与下部其他施工平行立体作业，以缩短施工工期，其特点是对起重设备、牵引设备要求不高，可用小型起重机或卷扬机甚至不用，成本较低。该方法适用于网架支承结构为周边承重墙或柱上有现浇钢筋混凝土框架梁等情况，也适用于正放四角锥网架、正放抽空四角锥网架、两向正交正放网架等，尤其适用于采用上述网架但场地狭小、跨越其他结构或设备，或需要进行立体交叉施工的情况。

4. 整体吊升法

整体吊升法是将网架结构在地面上错位拼装成整体，然后用起重机吊升至超过设计标高，空中移位后落位固定。此法不需要搭设高的拼装支架，高空作业少，易于保证接头焊接质量，但需要起重能力大的设备，吊装技术也相对复杂。此法以吊装焊接球节点网架为宜，尤其是三向网架的吊装。根据吊装方式和所用起重设备的不同，整体吊升法可分为多机抬吊及独脚拔杆吊升。

网架就地错位布置进行拼装时，应使网架任何部位与支柱或拔杆的净距离不小于 100 mm，并应防止网架在起升过程中被凸出物（如"牛腿"等悬挑构件）卡住。当网架错位布置导致个别杆件暂时不能组装时，应征得设计单位的同意方可暂缓装配。由于网架错位拼装，当网架起吊到柱顶以上时，要经空中移位才能就位。当采用多根拔杆方案时，可利用拔杆两侧起重滑轮组，使一侧滑轮组的钢丝绳放松，另一侧不动，从而产生不相等的水平力以推动网架移动或转动进行就位。当采用单根拔杆方案时，若网架平面是矩形，可通过调整缆风绳使拔杆吊着网架进行平移就位；若网架平面为正多边形或圆形，则可通过旋转拔杆使网架转动就位。当采用多根拔杆或多台吊机联合吊装时，考虑到各拔杆或吊机负荷不均匀的可能性，设备的最大额定负荷能力应予以折减。

网架整体吊装时，应采取具体措施以保证各吊点在起升或下降时的同步性，一般控制提升高差值不大于吊点间距离的 1/400，且不大于 100 mm。吊点的数量及位置应与结构支承情况相符，并应对网架吊装时的受力情况进行验算。

（1）多机抬吊作业。

多机抬吊施工中布置起重机时，需要考虑各台起重机的工作性能和网架在空中移位的要求。起吊前要测出每台起重机的起吊速度，以便起吊时掌握，或每两台起重机的吊索用滑轮连通。这样，当这两台起重机的起吊速度不一致时，可由连通滑轮的吊索自行调整。当网架质量较轻，或 4 台起重机的起重量均能满足要求时，宜将 4 台起重机布置在网架的两侧。只要 4 台起重机将网架垂直吊升超过柱顶后旋转一小角度，即可完成网架空中移位的要求。

多机抬吊一般用多台起重机联合作业，将地面错位拼装好的网架整体吊升到柱顶后，在空中进行移位，落下就位安装。多机抬吊一般有四侧抬吊和两侧抬吊两种方法，如图 4.25 所示。

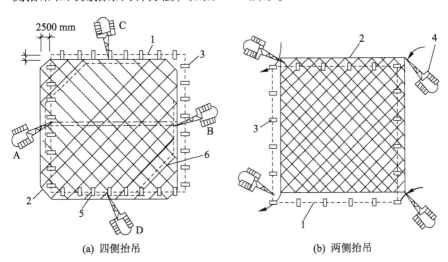

(a) 四侧抬吊　　　　　　　　　　　　　(b) 两侧抬吊

1—网架安装位置；2—网架拼装位置；3—下柱；4—履带式起重机；
5—吊点；6—串通吊索。

图 4.25　多机抬吊网架示意图

① 四侧抬吊。采用四侧抬吊时，为防止起重机因升降速度不一而产生不均匀荷载，每台起重机应设两个吊点，每两台起重机的吊索互相用

滑轮串通，使各吊点受力均匀，网架平稳上升。

当网架提升到比柱顶高 30 cm 时，进行空中移位，起重机 A 一边落起重臂，一边升钩；起重机 B 一边升起重臂，一边落钩；C、D 两台起重机则松开旋转刹车跟着旋转，待转到网架支座中心线对准柱子中心时，4 台起重机同时落钩，并通过设在网架四角的拉索和倒链拉动网架进行对线，将网架落到柱顶就位。

② 两侧抬吊。两侧抬吊是用 4 台起重机将网架吊过柱顶同时向一个方向旋转一定角度，即可就位。此法准备工作简单，安装快速、方便。

四侧抬吊和两侧抬吊相比，前者移位较平稳，但操作较复杂；后者空中移位较方便，但平稳性较差。两种吊法都需要多台起重设备条件，对操作技术要求较高，适用于跨度 40 m 左右、高度 2.5 m 左右的中小型网架屋盖的吊装。

（2）独脚拔杆吊升作业。

独脚拔杆吊升是多机抬吊的另一种形式。它是用多根独脚拔杆将地面错位拼装的网架吊升超过柱顶，进行空中移位后落位固定的方法。采用此法时，支承屋盖结构的柱与拔杆应在屋盖结构拼装前竖立。此法所需的设备多，工作量大，适用于吊装高、重、大的屋盖结构，尤其适用于大型网架，如图 4.26 所示。

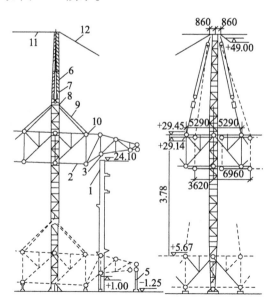

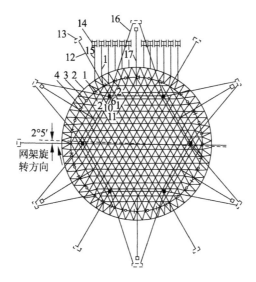

1—柱；2—网架；3—摇摆支座；4—提升后再焊的杆件；5—拼装用小钢柱；
6—独脚拔杆；7—8 门滑轮组；8—铁扁担；9—吊索；10—吊点；11—平缆风绳；
12—斜缆风绳；13—地锚；14—起重卷扬机；15—起重钢丝绳；16—校正用卷扬机；
17—校正用钢丝绳。

图 4.26　独脚拔杆吊升网架示意图

（3）网架的空中移位。

多机抬吊作业中，起重机变幅容易，网架空中移位并不困难，而采用多根独脚拔杆进行整体吊升网架的关键是网架吊升后的空中移位。由于拔杆变幅很困难，网架在空中的移位是利用拔杆两侧起重滑轮组中的水平力不等从而推动网架移位的。

图 4.27 所示为拔杆吊升网架空中移位顺序示意图。网架被吊升时，每根拔杆两侧滑轮组夹角相等，上升速度一致，两侧受力相等（$T_1 = T_2$），其水平分力也相等（$H_1 = H_2$），网架于水平面内处于平衡状态，只垂直上升，不会水平移动。此时滑轮组拉力及其水平分力可分别按下式计算：

$$T_1 = T_2 = \frac{Q}{2\sin\alpha}$$

$$H_1 = H_2 = T_1\cos\alpha$$

式中：Q——每根拔杆所负担的网架、索具等的荷载。

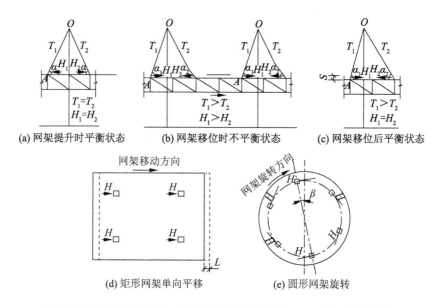

(a) 网架提升时平衡状态　　(b) 网架移位时不平衡状态　　(c) 网架移位后平衡状态

(d) 矩形网架单向平移　　　　(e) 圆形网架旋转

S—网架移位时下降距离；L—网架水平移位距离；β—网架旋转角度。

图 4.27　拔杆吊升网架空中移位顺序示意图

网架空中移位时，每根拔杆的同一侧（如右边）滑轮组钢丝绳徐徐放松，而另一侧（如左边）滑轮不动。此时右边钢丝绳因松弛而使拉力 T_2 变小，左边 T_1 则由于网架重力作用相应增大，因此两边水平力不相等，即 $H_1 > H_2$，这就打破了平衡状态，网架朝 H_1 所指的方向移动，直至右侧滑轮组钢丝绳放松至停止，重新处于拉紧状态时，则 $H_1 = H_2$，网架恢复平衡，移动也即终止。此时平衡方程为

$$T_1 \sin \alpha_1 + T_2 \sin \alpha_2 = Q$$
$$T_1 \cos \alpha_1 = T_2 \cos \alpha_2$$

但由于 $\alpha_1 > \alpha_2$，故此时 $T_1 > T_2$。

在平移时，由于一侧滑轮组不动，网架还会产生以点 O 为圆心、OA 为半径的圆周运动而产生少许下降。

网架空中移位的方向与拔杆及其起重滑轮组的布置有关。如拔杆对称布置，则拔杆的起重平面（即起重滑轮组与拔杆所构成的平面）方向一致且平行于网架的一边。因此，使网架产生运动的水平分力都平行于网架的一边，网架即产生单向的移位。同理，如拔杆均布于同一圆周上，且拔杆的起重平面垂直于网架半径，这时使网架产生运动的水平分

力 H 与拔杆起重平面相切，由于切向力的作用，网架即产生绕其圆心旋转的运动。

5. 提升法

提升法是指网架结构在地面上就位拼装成整体后，用安装在柱顶横梁上的升板机将网架垂直提升到设计标高以上，安装支承托梁后，落位固定。此方法不需要大型吊装设备，机具和安装工艺简单、提升平稳、同步性好、工作强度低、工效高、施工安全，但需要较多提升机和临时支承短钢柱、钢梁，准备工作量大。提升法适用于支点较多的周边支承网架，尤其适用于跨度 50~70 m、高度 4 m 以上、质量较大的大中型周边支承网架屋盖。当施工现场较窄，运输、装卸能力较差，但有小型滑升机具可利用时，采用提升法施工可获得较好的经济效益。

本法应尽量在结构柱上安装升板机，也可在临时支架上安装升板机。当提升网架同时滑模时，可采用一般的滑模千斤顶或升板机提升。提升法可利用网架作为操作平台。当采用提升法进行施工时，应将结构柱子设计成稳定的框架体系，否则应对独立柱进行稳定验算。当采用电动提升机时，应验算支承柱在两个方向的稳定性。

（1）提升设备布置。

在结构柱上安装升板工程用的电动穿心式提升机，将地面正位拼装的网架直接整体提升到柱顶横梁就位，如图 4.28 所示。

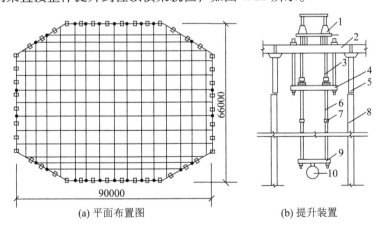

(a) 平面布置图　　　　(b) 提升装置

1—提升机；2—上横梁；3—螺杆；4—下横梁；5—短钢柱；6—吊杆；7—接头；
8—柱；9—横吊梁；10—支座钢球（口为柱，•为升板机）。

图 4.28　升板机提升网架示意图

提升点设在网架四边，每边 7~8 个。提升设备的组装是在柱顶加接的短钢柱上安工字钢上横梁，每一吊点上方的上横梁上安放一台 300 kN 电动穿心式提升机，提升机的螺杆下端连接多节长 4.8 m 的吊杆，下面连接横吊梁，梁中间用钢销与网架支座钢球上的吊环相连接。在钢柱顶上的上横梁处，又用螺杆连接着一个下横梁，作为拆卸吊杆时的停歇装置。

（2）提升过程。

当提升机每提升一节吊杆后（一般升速为 3 cm/min），用 U 形卡板塞入下横梁上部和吊杆上端的支承法兰之间，卡住吊杆，卸去上节吊杆，将提升螺杆下降与下一节吊杆接好，再继续上升，如此循环往复，直到网架升至托梁以上，然后把预先放在柱顶"牛腿"上的托梁移至中间就位，再将网架下降于托梁上，即告完成。网架提升时各提升点应同步，每上升 60~90 mm 观测一次，控制相邻两个提升点高差不大于 25 mm。

6. 顶升法

顶升法是利用支承结构和千斤顶将网架整体顶升到设计位置的方法，如图 4.29 所示。本法设备简单，不用大型吊装设备，顶升支承结构可利用结构永久性支承柱代替，拼装网架时不需搭设拼装支架，可节省大量机具、脚手架和支墩费用，降低施工成本；操作简便、安全，但顶升速度较慢，对结构顶升的误差控制要求严格，以防失稳。顶升法适用于多支点支承的各种四角锥网架屋盖的安装。

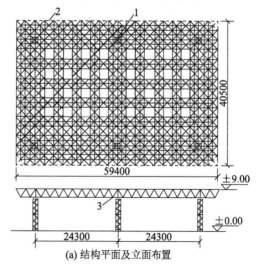

(a) 结构平面及立面布置

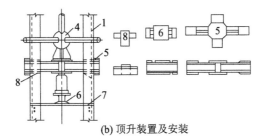

(b) 顶升装置及安装

1—柱；2—网架；3—柱帽；4—球支座；5—十字梁；6—横梁；

7—下缀板（16 号槽钢）；8—上缀板。

图 4.29 网架顶升法示意图（单位：mm）

当采用千斤顶顶升时，应对其支承结构和支承杆进行稳定验算。如果稳定性不足，则应采取措施予以加强。采用顶升法施工时，应尽可能将屋面结构（包括屋面板、天棚等）及通风设备、电气设备在网架顶升前全部安装在网架上，以减少高空作业量。

利用建筑物的承重柱作为顶升支承结构时，一般应根据下部结构类型和施工条件选择四肢式钢柱、四肢式劲性钢筋柱，或采用预制钢筋混凝土柱块逐段接高的分段钢筋混凝土柱。采用分段柱时，预制柱块间应联结牢固。接头强度宜为柱的稳定性验算所需强度的 1.5 倍。

当网架支点很多或由于其他原因不宜利用承重柱作为顶升支承结构时，可在原有支点处或其附近设置临时顶升支架。临时顶升支架的位置和数量的确定，应以尽量不改变网架原有支承状态和受力性质为原则。否则，应根据改变的情况验算网架的内力，并决定是否需采取局部加固措施。临时顶升支架可用枕木搭建，如天津塘沽车站候车室就是在 6 个枕木垛上用千斤顶将网架逐步顶起的。临时顶升支架也可采用格构式钢井架。

顶升的支承结构应按底部固定、顶端自由的悬臂柱进行稳定性验算，验算时除考虑网架自重及随网架一起顶升的其他静载及施工荷载之外，还应考虑风荷载及柱顶水平位移的影响。如果验算认为稳定性不足，则应首先从施工工艺方面采取措施，不得已时再考虑加大截面尺寸。

顶升的机具主要是螺旋式千斤顶或液压式千斤顶等。各类千斤顶的行程和提升速度必须一致。这些机具必须经过现场检验认可后方可使用。顶升时网架各提升点能否同步上升是一个值得注意的问题，如果提升同步差值太大，不仅会使网架杆件产生附加内力，而且会引起柱顶反力的变化，同时还可能使千斤顶的负荷增大和造成网架水平偏移。

（1）顶升准备。

顶升用的支承结构一般利用网架的永久性支承柱，或在原支点处或其附近设置临时顶升支架。顶升千斤顶可采用普通液压千斤顶或丝杠千斤顶，同时要求各千斤顶的行程和顶升速度一致。网架多采用伞形柱帽的方式在地面按原位整体拼装。由 4 根角钢组成的支承柱（临时支架）从腹杆间隙中穿过，在柱上设置缀板作为搁置横梁、千斤顶和球支座使用。上、下临时缀板的间距根据千斤顶、行程、横梁等尺寸确定，应恰为千斤顶使用行程的整数倍，其标高偏差不得大于 5 mm。例如，使用 320 kN 普通液压千斤顶时，缀板的间距为 420 mm，即顶升一个循环的总高度为 420 mm，千斤顶分 3 次（150 mm+150 mm+120 mm）顶升到该标高。

（2）顶升操作。

顶升时，每一顶升循环过程如图 4.30 所示。顶升应做到同步，各顶升点的升差不得大于相邻两个顶升用的支承结构间距的 1/1000，且不大于 15 mm；在一个支承结构上有两个或两个以上千斤顶时，各顶升点的升差不大于 10 mm。当发现网架偏移过大时，可采用在千斤顶座下垫斜垫或有意造成反向升差的方法逐步纠正。顶升过程中，网架支座中心对柱基轴线的水平偏移值不得大于柱截面短边尺寸的 1/50 及柱高的 1/500，以免导致支承结构失稳。

（3）升差控制。

顶升施工中的同步控制主要是为了减少网架偏移，其次才是为了避免引起过大的附加杆件应力。在提升法中，虽然升差也会造成网架偏移，但其危害程度要比顶升法小。

顶升施工中，当网架的偏移值达到需要纠正时，可采用千斤顶垫斜垫或人为造成反向升差的方法逐步纠正，切不可操之过急，以免发生质量安全事故。由于网架偏移是一种随机过程，纠偏时柱的柔度、弹性变形会给纠偏带来干扰，因而纠偏的方向及尺寸并不完全符合主观要求，不能精确地纠偏。故顶升施工时应以预防网架偏移为主，顶升时必须严格控制升差并设置导轨。

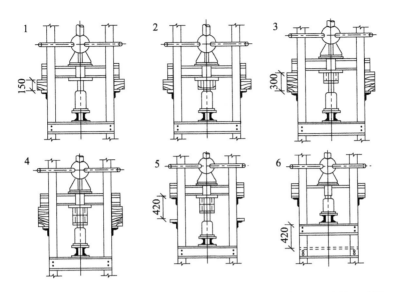

1—顶升 150 mm，两侧垫方形垫块；2—回油，垫圆垫块；3—重复 1 过程；
4—重复 2 过程；5—顶升 120 mm，安装两侧上缀板；6—回油，下缀板升一级。

图 4.30　顶升工序示意图

4.2.2　安装方法的选择

安装方法的选择取决于空间网格结构的形式、现场情况、设备条件及工期要求等。例如，对于管桁架结构，一般选用高空吊装法进行对接安装，当场地等受限制时可以采用高空滑移法；对于网架、网壳结构，一般选用整体吊升法安装或高空散装法安装；对于不适宜于分割的三向网架、两向正交斜放网架或两向斜交斜放网架，则宜采用整体吊升法；对于正放类网架、三角锥网架，既可整体安装，又可进行分割；斜放四角锥及星形网架一般不宜分割，如果采用分条或分块安装法应考虑对其上弦加固；棋盘形四角锥网架由于具有正交正放的上弦网格，分割的适应性也更好一些。

在选择安装方法时，应从施工场地的具体条件出发，当施工场地狭窄或需要跨越已有建筑物时，可选用高空滑移法、整体吊升法或顶升法施工。另外，选择安装方法时还应考虑设备条件。一般应尽量利用现有设备，并优先采用中小型常用设备，以降低工程成本。如果仅从安装角度分析，高空散装法最基本的设备是脚手架（即拼装支架）；高空滑移法最基本的动力设备是人工绞车架、卷扬机或千斤顶；顶升法最基本的起重设备是千斤顶。从施工经济的角度来看，如果能把屋面结构、电气及通风设备等的安装均安排在地面进行，则可使工程费用降低，但对吊、提、顶升等设备的负荷能力的要求更高。对体育馆、展览馆、剧场等下部装修设备工程量大的建筑物来说，高空滑移法可使空间网格结构的拼装与场内土建施工同时进行，从而缩短工期、降低成本。整体吊升法需要大型的起重设备，而网架分条、分块吊装所需的起重设备相对较小。综合上述分析，选择何种安装方法，要从具体情况出发，一般先选取多种安装方案进行技术和经济指标对比，因地制宜地选用最佳方案。

第 5 章 空间网格结构的施工阶段分析

5.1 管桁架结构施工阶段分析

5.1.1 管桁架结构的力学模型

管桁架结构一般由主桁架、次桁架、钢管系杆和支撑共同组成，主桁架一般为横向主承重桁架，纵向设置次桁架和钢管系杆，根据工程实际情况可以设置支撑，也可以不设置支撑。管桁架结构特别是大跨度立体管桁架结构，其承重方式与井式楼盖类似，一般为纵横向主次桁架协同受力，共同承担竖向荷载。为方便安装屋面系统和为主桁架提供平面外支撑，一般设置钢管系杆，系杆两端虽然与主桁架的主管进行焊接，但系杆的力学模型中一般认为其两端为铰支形式。

按照《空间网格结构技术规程》（JGJ 7—2010）的要求，主桁架和次桁架的主管一般为连续主管，或采用不同断面的钢管用锥管连接的形式，腹杆和主管间为铰支形式。在主桁架下部结构支承处，一般设置与柱连接的固定铰支座，其在计算分析建模时可以看作沿 X 和 Y 方向的弹性支座。

5.1.2 管桁架施工方法和计算分析内容

管桁架结构作为较新型的空间网格结构形式，其施工方法主要有吊装安装法、滑移安装法、顶升法和提升法等，具体根据现场条件、施工机具和工期等因素综合考虑其技术指标和经济指标后确定。

1. 管桁架结构施工方法

吊装安装法一般采用单榀吊装，或将单榀管桁架分段吊装，在跨中或三分点处自地面或楼面搭设型钢支撑架、塔吊标准节或贝雷架作为支撑架，高空搭设操作平台进行高空对接，而后在两榀主桁架间吊装安装次桁架和系杆或在两榀主桁架间安装系杆和支撑后，形成空间稳定结构体系，再继续吊装其他主、次桁架和系杆后，完成主体结构安装。

滑移安装法是在下部支承结构钢梁（一般为承重柱柱顶安装的工字型或箱型截面的滑移钢梁）上铺设轨道或涂布黄油后设置滑靴，且上部与主桁架连接后进行滑移安装，为确保质量与安全，一般采用累积滑移法完成安装。滑移安装完成后，需要将滑移钢梁分段切割移除，并落放管桁架到支座上。滑移安装法可以采用在柱顶设置卷扬机牵引或在滑移钢梁上设置千斤顶顶推进行施工，其措施费较高，故主要适用于现场构件堆放场地和拼装场地等受限，而无法采用单纯的吊装法完成安装的情况。滑移安装法风险系数较高，需要现场技术人员具有较高的结构计算能力和施工技术水平。

顶升法和提升法在管桁架结构安装中较少使用。

2. 管桁架结构施工安装分析实例

（1）工程概况。

广东某体育会展中心主要由体育馆、训练馆和会展中心三大功能区组成，场馆内座位数为 2802 席，屋盖平面呈椭圆形，平面尺寸约为 98 m×133 m，外挑 6.5 m，屋面实际最大跨度为 85 m。屋盖由正交立体三角桁架组成，其中短向为弧形三角立体桁架，长向为直线三角立体桁架，桁架高度均为 3 m，长向和短向的立体桁架轴线间距约 9 m 和 11 m。整个屋盖结构为沿长、短轴双轴对称的结构，支承于外围箱形立体桁架上，箱形立体桁架支承于由外围 32 个混凝土柱及屋盖内部 4 个框架柱上升起的伞形斜柱上。主桁架与边桁架及部分支撑节点采用了铸钢件。主桁架最大跨度为 79.7 m，单榀最重为 23.38 t。整个桁架钢管种类有 15 种，钢管最大规格为 φ245×20，最小规格为 φ60×4。该场馆外围三面环水，交通便利，但场馆三面紧邻市区主干道，另一面则是施工场地，空间狭小，因需承办临近的省运会，工期要求较为紧张。

管桁架钢结构整体效果图和承重骨架图如图 5.1 和图 5.2 所示。

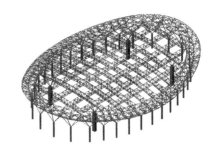

图 5.1　管桁架钢结构效果　　　　图 5.2　管桁架钢结构骨架

（2）钢结构主要形式和节点。

本工程钢结构由主桁架、次桁架、环桁架及铸钢节点支座组成，节点形式主要有铸钢球节点、焊接球节点、主次桁架连接节点等，见表 5.1。

表 5.1　钢结构主要形式和节点

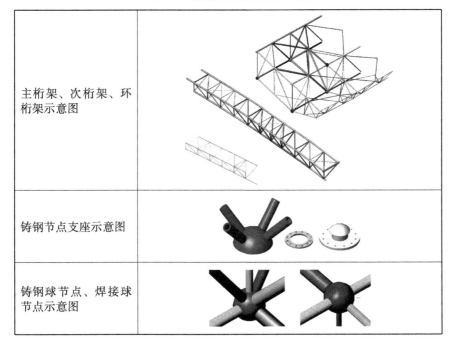

主桁架、次桁架、环桁架示意图	
铸钢节点支座示意图	
铸钢球节点、焊接球节点示意图	

（3）施工重难点及应对措施。

① 施工重难点。

本工程项目主要构件为管桁架，其设计、建模的准确度是否符合工艺要求以及相贯线切割精度，都对桁架拼装主尺控制、桁架拼装工作效率产生直接且重要的影响。边桁架重心位于砼结构外侧,如图 5.3 所示,各节点标高不等,安装临时固定措施的设计较为复杂。

16 800

图 5.3　边桁架重心示意图(单位:mm)

胎架卸载过程伴随着主桁架下挠受力,边桁架受主桁架径向外推,伞形柱柱脚偏转。在结构安装、胎架卸载、结构加载过程中,如何保证结构的稳定性和不产生永久变形,是本工程最大的难点,因此,设计时要求进行计算机仿真模拟。为保证纵横桁架、边桁架整体受力,使屋盖结构安装后的状态与设计工况一致,在主桁架安装过程中必须设计临时支撑。由于主桁架最高点达 23.9 m,故临时支撑措施的投入也较大。

桁架拼装过程存在一定焊接收缩,所以必须对以往类似工程进行总结,预留出合理的焊接收缩余量。胎架卸载及结构加载过程中,会使周边支座产生不同转角,转角大小有待计算确定,并与原设计单位进行深入探讨。

②应对措施。

本工程项目借助计算机绘图软件建立高精度三维模型,并设置仿形工装胎架,确保构件组装质量;同时在工厂进行预拼装,确保构件外形质量,为桁架最终安装成型的精度提供有力保障。同时运用先进模具设计软件,提高每种铸钢节点的制模精度,严格执行首件验收制度。加强工况受力计算分析,合理进行分段,科学选择吊点,最大限度减少吊装变形,同时采取有效的临时连接措施和高空稳固措施,用以保证桁架的就位质量和测量校正精度。拼装单元成品在验收时需要严格要求,重点检查构件连接部位、外形质量,保证吊装前的几何尺寸。采用高精度全站仪和精密水准仪等测量仪器,并借助缆风或千斤顶或临时支架等校正工具与定位设施,保证桁架的安装精度,确保桁架安装位置符合设计要求。采用 CO_2 气体保护焊接技术以及相应的焊接设备和焊接材料,制定合理的焊接顺序和热输入量,采取严密的防风措施,加强焊前、焊中与焊后的应力与变形控制，确保焊接质量。

（4）钢结构的拼装。

在本工程中，需现场拼装、焊接的主要有主桁架、次桁架、环桁架、支撑系杆等构件。主桁架拼装在胎架上进行，胎架的数量先设置两副，后续可根据吊装要求、施工周期等实际情况进行调整。工厂加工后的散件必须严格按现场拼装场地上的构件所需进行配套发货和卸货，避免二次倒运。工程中根据构件的质量，现场拼装的吊装设备使用 25 t 的汽车吊。

主桁架的拼装。本工程主桁架的体量较大，采取工厂散件加工、现场拼装的方法。拼装起重机：QY25K 型汽车吊。本工程以编号为 GHJ1 的主桁架拼装为例，其形状示意图如图 5.4 所示，拼装胎架如图 5.5 所示。

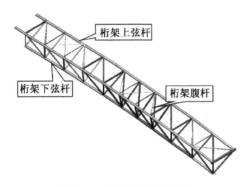

图 5.4　GHJ1 形状示意图

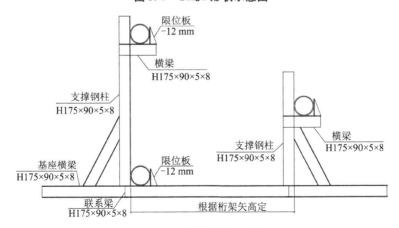

图 5.5　拼装胎架示意图

　　主桁架的拼装顺序如图 5.6 所示。主桁架拼装过程中需注意以下方面：平台及胎架支撑应具备足够的刚度；在平台上应明确标明主要控制点，作为构件制作时的基准点；拼装时，在平台（已测平，误差在 2 mm 以内）上画出三角形桁架控制点的水平投影点，并打上钢印或其他标记；将胎架固定在平台上，使用水准仪或其他测平仪器，对控制点的垂直标高进行测量，通过调节水平调整板或螺栓，确保构件控制点的垂直标高尺寸符合图纸要求，偏差在 2 mm 以内。然后将桁架弦杆按其具体位置放置在胎架上，先通过挂锤球或其他仪器确保桁架上的控制点的垂直投影点与平台上画的控制点重合，再固定定位卡，确保弦杆位置的正确。确定主管相对位置时，必须放焊接收缩余量；在胎架上对主管的各节点的中心线进行画线；装配腹杆，并进行定位焊；在对腹杆接头进行定位焊时，定位点不得少于 4 点；定位完成后，对桁架进行焊接，先焊未靠住胎架的一面，焊好后，用吊机将桁架翻身，再焊另一面；焊接时，为保证焊接质量，应尽量避免仰焊、立焊。

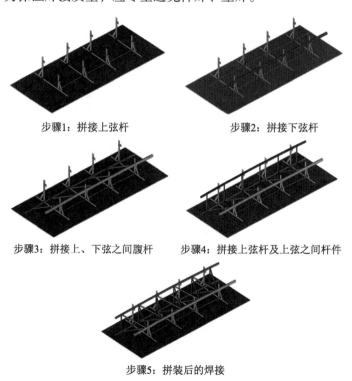

步骤1：拼接上弦杆　　　　　　步骤2：拼接下弦杆

步骤3：拼接上、下弦之间腹杆　　步骤4：拼接上弦杆及上弦之间杆件

步骤5：拼装后的焊接

图 5.6　主桁架的拼装顺序

（5）钢结构的安装准备。

建立钢结构测量控制网。与土建交接轴线控制点和标高基准点，根据土建移交的测量控制点，在工程施工前引测控制点，布设钢结构测量控制网，将各控制点做成永久性的坐标桩和水平基准点桩，并采取保护措施，以防破坏。根据土建提供的基准点，进行钢结构基准线和轴线的放线和测量，测放定位轴线和定位标高。

吊装设备的选用。综合考虑工程特点、现场实际情况、工期等因素，经过各种方案反复比较，选择 1 台 100 t 履带吊吊装环桁架，1 台 150 t 汽车吊吊装主桁架，2 台 25 t 汽车吊吊桁架地面拼装及转运设备。

埋件的埋设。为保证埋件的埋设精度，首先设计好埋件位置的控制线及标高线，并采取加钢筋将埋件锚杆与钢筋混凝土主筋焊接牢固的固定措施，防止在浇灌、振捣混凝土时产生移动变形。

（6）吊点选择与吊装验算。

吊点选择与吊装验算具体如图 5.7 所示。

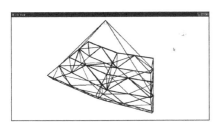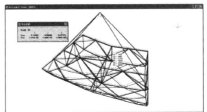

(a) 环桁架吊装模型　　　　　(b) 环桁架吊装最大变形位移5.27 mm

(c) 环桁架吊装最大应力比0.146

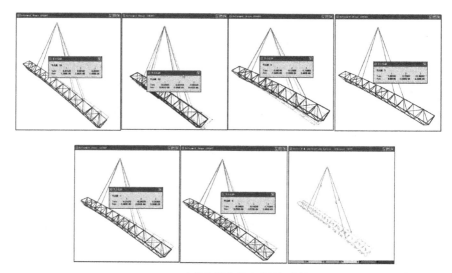

(d) 主桁架吊装吊点选择与验算

图 5.7   吊点选择与吊装验算

（7）环桁架支撑验算。

钢管脚手架采用扣件式脚手架。验算参照《建筑施工扣件式钢管脚手架安全技术规范》（JGJ 130—2001）、《建筑地基基础设计规范》（GB 50007—2002）、《建筑结构荷载规范》（GB 50009—2001）、《钢结构设计规范》（GB 50017—2003）等进行。图 5.8 所示为环桁架支撑验算。

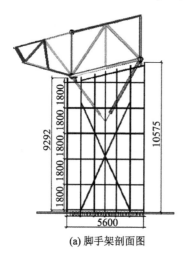

(a) 脚手架剖面图

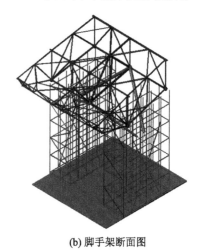

(b) 脚手架断面图

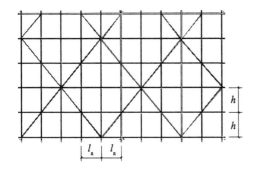

(c) 脚手架几何尺寸

l_a—立杆纵距；h—立杆步距；l_b—立杆横距。

图 5.8　环桁架支撑验算

（8）主桁架支撑胎架验算。

考虑到场馆内拼装场地较小，如果搭设脚手架承重架，主桁架将无法拼装，所以采用租赁塔吊标准节来支撑主桁架拼装点，具体验算示意图如图 5.9 所示，其基础设计图如图 5.10 所示。

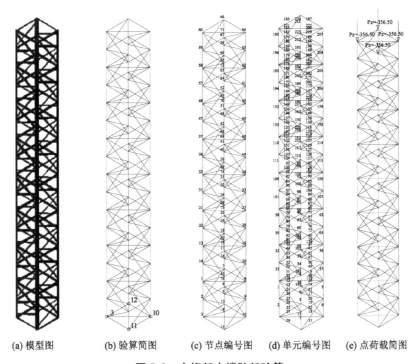

(a) 模型图　　(b) 验算简图　　(c) 节点编号图　　(d) 单元编号图　　(e) 点荷载简图

图 5.9　主桁架支撑胎架验算

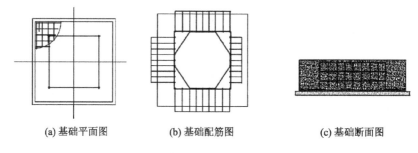

(a) 基础平面图　　　　(b) 基础配筋图　　　　(c) 基础断面图

图 5.10　主桁架支撑胎架基础设计图

（9）钢结构施工步骤。

本工程所有构件在加工厂加工成单根散件，运输到施工现场后，拼装成单元体进行整体吊装，主桁架分为两段吊装。安装整体思路如下：环桁架单元拼装→100 t 履带吊吊装环桁架→环桁架单元间拼装→主、次桁架单元拼装→设置临时支撑架→150 t 汽车吊吊装主桁架→主桁架高空组对拼装→150 t 汽车吊安装次桁架→补档→结构卸载→C 型钢檩条安装→屋面安装。主桁架跨中搭设临时支撑架，工程安装顺序如图 5.11所示。

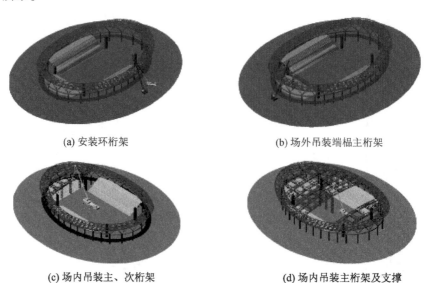

(a) 安装环桁架　　　　　　　(b) 场外吊装端榀主桁架

(c) 场内吊装主、次桁架　　　　(d) 场内吊装主桁架及支撑

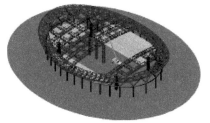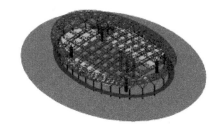

(e) 吊装主桁架，同时安装次桁架　　　　　(f) 吊装完成后卸载

图 5.11　工程安装顺序示意图

该安装方案的优点。两侧同时安装环桁架，施工进度快，环桁架闭合误差小；可以将履带吊开进现场，逐步后退安装；端榀主桁架可以在场外吊装，避免了搭设高空操作平台进行高空散装的问题；主桁架下设有三榀支撑架，随着主桁架的吊装，三榀支撑架逐步向另一方向移动，既提高了施工安装安全性，又节约了支撑架租用措施费。

该安装方案的缺点。环桁架安装速度快，人员和场地占用量大，要求有足够的拼装胎架和拼装场地，从工程实际施工情况来看，确实出现了拼装胎架的人员不足和拼装速度较慢的问题，以致跟不上环桁架安装速度，后经协调和增加拼装胎架及其人员，才保证了工序的正常衔接；主桁架及次桁架安装完成前，无法形成有效的空间结构体系，荷载无法有效传递到 4 根 2 m×2 m 的混凝土柱上，环桁架及 1.2 m 混凝土柱受力大。

（10）钢结构施工阶段非线性分析。

施工阶段分析方法。传统的分析方法往往以竣工后的整体结构为分析对象，将结构荷载一次性施加在结构上进行计算，计算时经常得到与实际情况不符的结果，这主要是忽略了分步吊装管桁架引起的分段加载的影响。在实际施工中的每一步，结构刚度、质量和施工荷载及其作用下的结构应力和位移等均不相同。阶段施工被认为是一种非线性静力分析类型，因为在分析过程中结构和荷载会发生变化，所以分析时要求既可以增加和去除部分结构，又可以选择性地施加荷载到结构的一部分。阶段施工可能是其他非线性静力分析和非线性直接积分时程分析工况序列的一部分，也可能作为线性分析的刚度基础。阶段施工加载用来模拟某结构在施工过程中的结构刚度、质量、荷载等不断变化的过程，对每个定义的施工阶段分析一次，每次分析都是在上一次分析结果的基础上进行的，它是一种静力非线性分析过程。在程序中，施工过程的每个阶段由一组称作有效组的构件来表示。当从上一个阶段到下一个阶段分析结构发生变化时，根据定义阶段情况，首先要判断哪些构件是新添加的，哪些是被移除的，以及哪些是没有变化的，对于不同类型的构件，要进行不同的操作。对于新添加的对象，从一个初始的无应力状态开始，它们的刚度与质量立刻被添加到结构上，同时也将荷载施加到新添加的对象上。对于移除的对象，它们的刚度与质量立刻从结构中移除，并将被移除的对象所承受的所有荷载转移到剩余结构的连接点上，在随后的分析过程中再将转移到该连接点的荷载逐渐地从结构中移走。对于没有变化的对象，继续保持它在先前阶段中的状态。荷载工况中，指定的荷载能够有选择地施加到保留的对象上。如果移除一个对象并在随后的一个阶段添加，它将以初始的无应力状态重新开始分析。

施工阶段非线性分析。为确保在总体只设置三榀塔吊标准节作为临时支撑架的情况下，结构在每个施工步的受力均满足要求，不致产生安全事故或不可恢复的变形。本工程将施工过程划分为 14 个施工步，采用 SAP2000 有限元分析软件对结构进行非线性分析，分析过程如图 5.12 所示，每个施工步节点最大位移及杆件最大应力比见表 5.2，分析结果如图 5.13、图 5.14 所示。

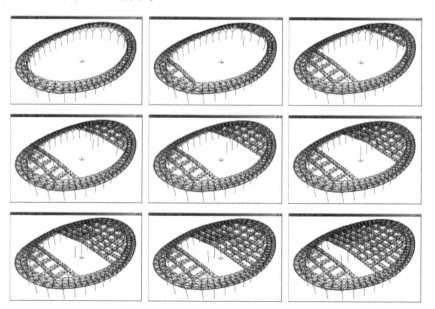

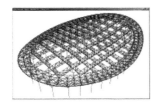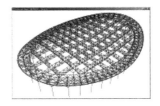

图 5.12　工程施工阶段非线性分析各施工步情况

表 5.2　每个施工步节点最大位移及杆件最大应力比输出表

施工步	节点最大位移/mm	实测最大位移/mm	误差/%	杆件最大应力比
1	4.60	—	—	0.205
2	1.65	—	—	0.211
3	2.08	—	—	0.240
4	3.15	—	—	0.229
5	7.34	—	—	0.233
6	6.89	—	—	0.236
7	19.6	—	—	0.499
8	22.3	—	—	0.521
9	26.9	—	—	0.638
10	28.6	27.2	4.90	0.724
11	30.8	29.6	3.90	0.760
12	38.3	36.6	4.44	0.835
13	40.8	39.5	3.19	0.892
14	44.6	41.9	6.05	0.669

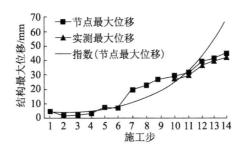

图 5.13　施工过程变形计算结果和实测结果

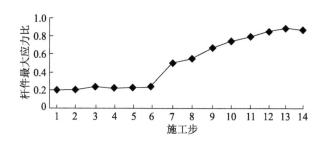

图 5.14　施工过程杆件应力比计算结果

由表 5.2 和图 5.13 可知，在第 6 和第 7 施工步间结构最大位移出现了突变，主要是由于三榀支撑架中的第一榀在第 7 施工步时进行了拆除，结构部分卸载，导致结构最大位移增大较多。总体来说，施工过程中结构最大位移呈逐步增大的趋势，但相对于主桁架跨度来说，计算最大挠跨比为 0.056%，实测最大挠跨比为 0.053%，不会产生不可恢复的变形。由表 5.2 和图 5.14 可知，杆件的应力比逐步增加，最大达到 0.892，主要是由于结构弧形完全卸载前对环桁架产生水平推力，而结构荷载还未有效通过次桁架导荷传递到 4 根 2 m×2 m 的主受力混凝土柱上，环桁架杆件截面较小，故应力比在施工过程中较大。

支撑架完全拆除，结构完全卸载后，屋盖形成整体空间结构，荷载通过次桁架导荷传递到 4 根 2 m×2 m 的主受力混凝土柱上，对环桁架的作用减小，应力比从 0.892 减小到 0.669，导致图 5.14 中曲线在最后施工步出现了应力比下降。

5.1.3　广东某体育会展中心施工阶段非线性分析结论

通过本工程的吊装验算和施工过程非线性分析及其在工程中的应用，可以得出以下结论：

（1）本工程采用的施工安装顺序，既考虑了场地、人员和机械的安排，又减少了临时支撑架的用量，整个工程施工过程中只需要搭建三榀支撑架，大大降低了施工措施费。

（2）本工程采用的施工安装顺序，兼顾了安全性和经济性的要求。

（3）对于大跨度空间结构的施工，要根据结构特点和实际要求合理确定施工安装顺序；理论计算可以为施工提供可靠的依据，但对施工技术人员的结构概念要求较高。

（4）在施工前期，要做好施工方案的制定工作，可采用有限元软件进行分析计算，为施工方案的制定提供依据。

5.2　网架结构施工阶段分析

5.2.1　网架结构的力学模型

网架结构一般由杆件、节点和支座共同组成，网架节点无论是使用螺栓球节点还是焊接球节点，其结构平面长宽比一般不超过 1：1.5，其承重方式与井式楼盖类似，一般为纵横向主、次桁架协同受力，共同承担竖向荷载。为方便安装屋面系统，一般设置变截面网架或设置小立柱实现上弦起坡。网架结构可以设置上弦节点支承或下弦节点支承，一般设置与柱连接的平板压力支座，跨度较大或荷载较大的网架可以设置橡胶支座，其在计算分析建模时可以看作沿 X 和 Y 方向的弹性支座。

5.2.2　网架结构施工方法和计算分析内容

网架结构主要的施工方法有整体吊升法、高空滑移法、高空散装法、顶升法和提升法等，具体根据现场条件、施工机具和工期等因素综合考虑其技术指标和经济指标后确定。

1. 网架结构施工方法

整体吊升法一般采用单机抬吊、双机抬吊、四机抬吊或多机抬吊进行安装。施工时，首先在地面或楼面设置拼装平台，将网架杆件和节点按照由内向外或由中间向两边的顺序拼装成整体并检查，然后整体吊装至设计标高与柱顶支座连接，最后补装部分杆件即可完成安装。

高空滑移法是在下部支承结构钢梁（一般为承重柱柱顶安装的工字型或箱型截面的滑移钢梁）上铺设轨道或涂布黄油后设置滑靴，且上部与网架连接后进行滑移安装。为确保质量与安全，一般采用累积滑移法完成安装。滑移安装完成后，需要先将滑移钢梁分段切割移除，再将网架落放到支座上，至此才算安装完成。滑移安装法可以采用在柱顶设置卷扬机牵引或在滑移钢梁上设置千斤顶顶推进行施工，其措施费较高，故主要适用于现场构件堆放场地和拼装场地等受限，无法采用单纯的吊装法完成安装的情况。滑移安装法风险系数较高，需要现场技术人员具有较高的结构计算能力和施工技术水平。

高空散装法分为全支架法和悬挑法两种，既适用于网架结构也适用于网壳结构的安装。全支架法是在地面或楼面上设置脚手架拼装平台，在该平台上使用砖垛或钢管支承球节点，完成杆件和节点的拼装，此时拼装平台拼装的网架恰好位于设计标高，可直接安装就位。悬挑法一般选择柱距最大的部分搭设平台进行拼装，或在地面拼装后吊装至设计标高并与支座连接，其余网架采用高空悬挑的方法向一侧或两侧扩展安装。其中，全支架法措施费相对较高，所以常用悬挑法。

顶升法是利用下部支承柱或单独设置型钢支架、顶升支架，先在地面或楼面上完成杆件和节点的拼装，再利用支承结构和千斤顶将网架整体顶升到设计位置的方法。

提升法是利用下部支承柱或单独设置型钢支架、提升支架，在柱顶或提升支架顶部设置提升机，先在地面或楼面上完成杆件和节点的拼装，再利用支承结构顶部的提升机将网架整体提升到设计位置的方法。

2. 网架结构施工安装分析实例

（1）工程概况。

武汉盛世国际文体项目主体为地下两层，局部三层，主要为车库及设备用房；地上 6 层+夹层+架空层，主要为体育、游乐场馆；总建筑面积约为 13.8 万 m^2；网架最高点标高 43.55 m，最低点标高 19.05 m；建筑水平投影长度 216.267 m，投影宽度 93.6 m，建筑顶部呈曲面。

武汉盛世国际文体项目钢结构的整体结构体系如下：地下室箱型钢骨柱+屋面以下多层钢框架体系+空间网架屋面体系+直立锁边金属屋面体系。本方案中的施工范围为地上部分标高（+19.05 m～+43.55 m），以及由焊接球和钢管组成的空间网架结构、方管檩条、钢格栅马道和钢支座等。本工程规模较大（屋盖最大跨度达 84 m，四周最大悬挑 6.7 m），屋面钢网架质量约为 2400 t，钢材材质主要为 Q355B。其效果图和网架结构承重骨架图如图 5.15 和图 5.16 所示，网架平面布置图和立面图如图 5.17 和图 5.18 所示。

图 5.15　网架结构效果图

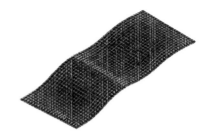

图 5.16　网架结构承重骨架图

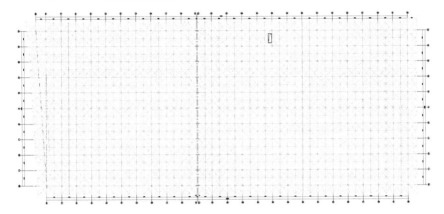

图 5.17　网架平面布置图

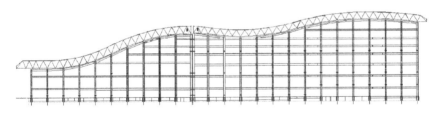

图 5.18　网架立面图

　　本工程网架弦杆及腹杆采用直径小于 219 mm 的无缝焊管或直缝焊管，优先选用无缝焊管。考虑到工期和市场供应情况，其中的小部分采用直缝焊管；当管径大于 219 mm 时，采用材质为 Q355B 的无缝钢管。弦杆及腹杆主要截面为 $\phi114\times4$、$\phi140\times4$、$\phi159\times8$、$\phi180\times10$、$\phi219\times10$、$\phi219\times12$、$\phi245\times12$、$\phi245\times14$、$\phi273\times14$、$\phi273\times16$、$\phi273\times20$；节点形式为焊接球节点，截面为 WS4012、WS4516、WSR5016、WSR5516、WSR5518、WSRR6018、WSRR6022、WSRR6520、WS-RR7022、WSRR7025、WSRR7030。

（2）钢结构重难点分析与应对措施。

屋盖结构跨度大，构造体系复杂，安装难度大。本工程结构分布广，钢结构主要包括下部框架结构、屋盖网架结构两个部分，分布在柱顶标高 14.500 m～39.200 m 处，6～16 轴高度相差 17.3 m，1/16～30 轴高度相差 5.04 m，高差非常大；结构体系多样，形式复杂。工程区域屋盖为钢框架结合网架的结构体系，支撑体系为圆钢管。屋盖为焊接球网架结构体系，整体形状为飘带式弧形；屋盖跨度大，最大跨度达 84 m，四周最大悬挑 6.7 m，施工过程中对钢结构安装精度及变形控制要求高。周边环境影响大，多个施工分区平行施工，给钢结构施工带来了很大的难度；吊车通道布置困难，由于本工程场地及结构形式受限，楼面承受吊车荷载需经计算确定，现场吊车布置及钢构件转运难度均较大。

为此，本项目针对工程实际选择合理的解决措施。根据总包施工进度计划安排，项目分为两个施工阶段四个区，1/6～16 轴交 H～T 轴为第一阶段（分为一、二区），1/16～30 轴交 H～T 轴为第二阶段（分为三、四区）。根据类似项目经验采取适当的安装方案，通过对比不同施工方法，并综合考虑本项目屋盖网架工期紧、屋盖网架面积大、减少累积误差等，最后确定选用提升法。

施工测量难度大。本工程是大跨度网架结构，整体形状为飘带式弧形，其每一个相贯节点部位均有不同的空间坐标，且施工面积大，场地内部环境复杂，同时由于上道工序的施工精度直接影响下道工序的安装精度，因此从工厂加工制作至现场安装必须制定严格的测量方案，并采用科学的测量仪器及测量手段进行各道工序施工精度的控制。另外，由于本工程的屋盖结构施工面积大、安装精度要求高，以及现场施工安装过程中整个结构体系受温差效应影响导致热胀冷缩差异，故工程所涉及的测量、监测内容繁多，技术要求很高。

为此，根据工程特点，结合以往大型大跨度空间网格结构安装经验，本工程采用高精度全站仪建立平面控制基准网，采用激光准直仪和全站仪进行平面控制基准的竖向传递；采用电子水准仪建立高程控制基准网，采用全站仪测天顶距法进行高程控制基准的竖向传递，并采用电子水准仪进行校核；对于累积误差，采用在各个结构钢柱之间设置补偿量进行调整的办法逐节消除，防止因累积量过大一次性消除而对结构产生影响。对于测量数据，应在设计值的基础上加上预变形值后再使用，同时根据施工同步监测数据，及时调整预变形值；环境温度变化及日照效应影响，使得测量定位十分困难，在精确定位时，必须监测结构温度的分布规律，规避日照效应，这个可以通过计算机模拟计算结构变形并调整。

现场焊接质量及焊接变形控制是重点。本工程钢桁架、钢网架结构作为屋面结构的主体结构，覆盖面积大，杆件截面尺寸大，钢桁架之间嵌补杆件多，所以耗用焊材较多，高空嵌补杆件安装焊接工作量大；现场焊接环境又受各方面的影响，施工环境远比工厂差，因此，如何保证现场焊接质量也是本工程的一个重点。经综合分析，现场高空焊接存在以下关键问题：① 全位置对接接头的焊缝质量如何采取措施保证一次性合格；② 如何采取措施防止焊缝及热影响区发生断裂；③ 由于焊接工作量大，结构中在焊接后由于不均匀的焊接收缩会产生较大的焊接收缩应力，从而引起较大的焊接变形，如何保证焊接后屋盖结构的外形几何尺寸。

为保证高空焊接质量，采取了一系列针对性措施。当高空焊接遇风雨天气时，通过在焊接接头处设置防风雨棚进行焊接，确保焊接不中断，该措施能有效保证焊接质量和安装进度。针对本工程大跨度网格焊接变形大的特点，现场安装焊接时采用分区、对称扩展的焊接方法，控制和减小焊接变形。根据现场焊接结构的主要特点，针对性地制定焊接工艺、焊接方法以及降低应力集中的方法。

高空施工安全是施工重点控制内容。本工程为空间结构，各点标高不一，且桁架及网架节点和杆件为圆形截面，高空脚手架不易搭设，结构安装阶段对临时支撑的要求高；结构安装面积大，施工作业面广，安装施工作业面标高高，安全隐患多；结构安装阶段，在每个吊装单元的接口处，均要设置操作平台，且平台和平台间还要设置相应的安全行走通道，对安全措施要求高。

为此，在钢结构构件吊装及焊接施工过程中，在定位安装部位和钢构件校正及焊接部位必须设置稳固的操作平台，操作平台考虑焊接、悬挂或搁置在钢柱、临时支撑架上；在临时支撑架、钢柱上设置钢爬梯用作施工人员上、下的通道；在钢结构屋盖上布置以木跳板和生命线钢丝绳组成的连续、封闭的水平通道,并与设置在钢柱和临时支撑架上的钢爬梯上下连通;对于一些特殊部位,无法搭设操作平台,高强螺栓安装、焊接等作业则借助简易吊篮、简易钢爬梯等进行;施工人员高空作业时安全绳上配置的自锁器挂制于安全绳上;在网架下方需满挂安全网用于高空防坠及上下施工隔离。

(3)钢结构施工现场平面布置。

在施工总平面布置时,应尽量减少施工用地,使平面布置紧凑合理又便于施工;合理组织现场运输,保证运输方便通畅;合理利用现场机械及条件,保证机械满足安装需要;施工区域的划分和场地的确定,应符合建筑与安装施工流程要求,尽量减少专业工种和各工程之间的干扰,以及对交通和毗邻财产的干扰;充分利用所提供的现场临时设施和项目法人提供的已有施工道路、构筑物和施工服务;现场满足安全防火、劳动保护及减少噪音的要求,做到安全、文明和环保施工;施工场地内部施工通道除沿用已有道路外,还需针对钢结构施工道路、构件堆场和拼装场地需求规划设置,材料堆放于网架拼装场地内。具体如图 5.19 所示。

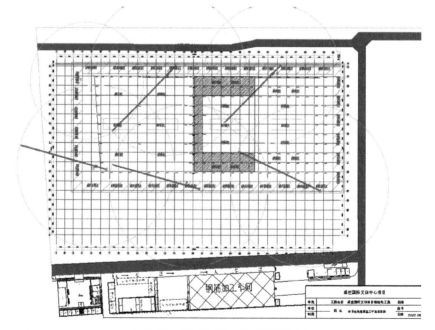

图 5.19 钢结构施工现场平面布置

（4）施工总体安排及流水段划分。

钢网架的最大安装标高为+43.55 m，若采用分件高空散装，不但高空组装、焊接工作量大，现场机械设备很难满足吊装要求，而且所需高空组拼胎架难以搭设，存在很大的安全、质量风险，不利于钢结构现场安装的安全、质量以及对工期的控制。

根据以往类似工程的成功经验，若将结构在安装位置的正下方相应楼面上拼装成整体后，利用"超大型构件液压同步提升技术"将其整体提升到位，将大大降低安装施工难度，于结构的质量、安全、工期和施工成本控制等均有利。

钢结构提升单元在其投影面正下方的楼面上利用现场塔吊拼装为一个完整体，同时在钢柱顶部（标高+14.500 m～+39.200 m），利用钢柱设置提升平台（上吊点），在钢结构提升单元与上吊点对应位置处安装临时管（下吊点），上、下吊点间通过专用底锚和专用钢绞线连接。利用液压同步提升系统将钢结构提升单元整体提升至设计安装位置，补装后装杆件，完成安装。

根据本工程的特点及现场情况，确定对该项目实行分区提升的施工方法。具体分区如下：1/6～10 轴为第一区，10～16 轴为第二区，1/16～23 轴为第三区，23～30 轴为第四区，如图 5.20 所示。

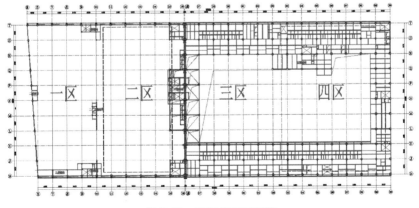

图 5.20 网架分区平面图

根据本工程结构形式、特点以及工作面交付顺序，屋面结构主体采用分区施工、逐区推进的施工流程。总体结构施工顺序如下：一区网架、马道、主檩条安装提升→二区网架、马道、主檩条安装提升→三区网架、马道、主檩条安装提升→四区网架、马道、主檩条安装提升。

（5）网架提升前的准备工作。

支撑搭设。本工程的整体拼装支撑采用砖支垛支撑、$\phi159×5$ 钢管支撑、$\phi159×5$ 钢管加 $\llcorner50×5$ 角钢联系支撑三种方式，摆放时利用经纬仪放线控制支撑位置，并用水准仪控制砖支撑高度。本工程支撑搭设最大高度为 2.5 m，支撑高度距楼面小于 1 m 处，采用砖支垛支撑；支撑高度在 1~1.5 m 处，采用 $\phi159×5$ 钢管支撑；支撑高度大于 1.5 m 处，采用 $\phi159×5$ 钢管加 $\llcorner50×5$ 角钢联系支撑。拼装前要对拼装时用到的钢尺、卷尺及经纬仪、水准仪等仪器进行精确校正。网架拼装砖支垛如图 5.21 所示。

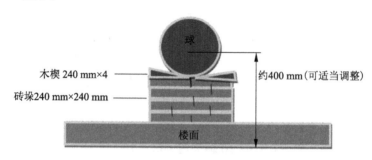

图 5.21　网架拼装砖支垛

操作平台设置。本工程拼装分为楼面拼装与花架梁上拼装。楼面拼装操作平台采用脚手架搭设移动式操作平台，高度根据实际拼装需要进行调整。花架梁上部网架拼装操作平台采用在花架梁上搭设 25# 工字钢，间距 1500 mm，工字钢上部满铺钢跳板作为作业人员操作平台。搭设区域为 15~17 轴交 H~T 轴；17~18 轴交 H~K 轴、R~T 轴；20~29 轴交 H~K 轴、R~T 轴；29~30 轴交 H~T 轴。工字钢与下部结构连接采用点焊，跳板与工字钢采用 0.5 mm 铁丝十字绑扎。图 5.22 所示深色区域为平台搭设区域。

临时提升塔架设计。临时提升塔架采用四肢钢管支撑单塔架与塔吊标准节双塔架，如图 5.23 和图 5.24 所示。其中，8 轴交 J 轴，22、24、26 轴交 P 轴，采用单塔架；L、Q 轴交 11 轴，L、Q 轴交 12 轴，L、Q 轴交 13 轴，采用中联 QTZ80 型塔吊标准节（1.6 m×1.6 m 塔吊标准节，单节长度 2.8 m）双塔架。

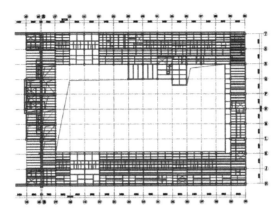

图 5.22 操作平台设置

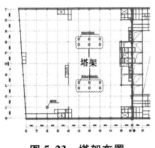

图 5.23 塔架布置

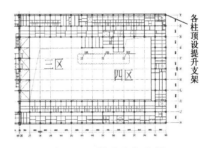

图 5.24 提升支架布置

钢网架安装施工预起拱值。根据模型计算，一区网架提升最大竖向变形位置为 1/6 轴交 T 轴处，最大竖向变形 47 mm，在 1/6 轴交 T 轴支座落位卸载后将抵消此处竖向变形，故不采取预起拱等措施；二区网架提升最大竖向变形位置为 11 轴交 T 轴处，最大竖向变形 66 mm，在 10、11 轴交 T 轴支座落位卸载后将抵消此处竖向变形，故不采取预起拱等措施；三区网架提升最大竖向变形位置为 23 轴交 N 轴处，最大竖向变形 62 mm，故在 K~R 轴跨度方向预起拱 60 mm；四区网架提升最大竖向变形位置为 23 轴交 N 轴处，最大竖向变形 65 mm，故在 K~R 轴跨度方向预起拱 60 mm。

网架安装工艺流程。钢结构安装工程总的施工工艺流程可从不同角度进行划分。按场地划分，可分为构件加工制作流程和现场安装流程；按构件形式划分，可分为焊接球加工制作流程、管件制作流程、网架拼装流程、网架提升流程和网架卸载流程等。网架安装工艺流程如图 5.25 所示。网架拼装及提升工艺流程和现场焊接工艺流程如图 5.26 和图 5.27 所示。

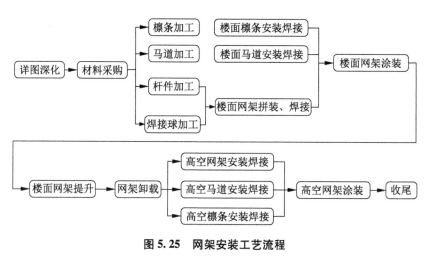

图 5.25 网架安装工艺流程

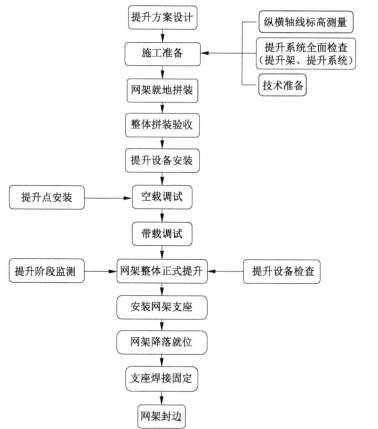

图 5.26 网架拼装及提升工艺流程

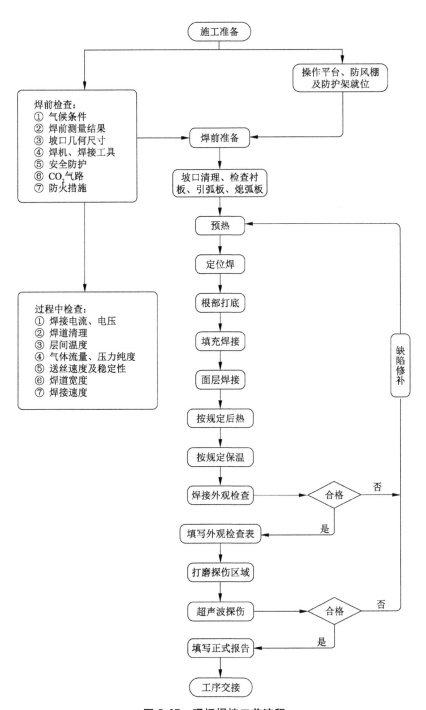

图 5.27　现场焊接工艺流程

（6）网架拼装。

根据本工程的特点及现场情况，确定分区提升的施工方法。

提升平台安装。柱顶提升架安装程序如下：柱顶标高轴线复核→提升架牛腿安装→提升架安装→垂直度校正→提升架焊接→提升架拆除。提升架连接采用全熔透焊接，焊缝等级达到二级焊缝标准。由测量人员对提升架安装位置的标高及轴线进行复核，根据设计图纸标识出"牛腿"在柱顶的位置；"牛腿"安装采用塔吊吊装至安装位置，由安装人员进行定位安装，完成后调整水平度并检查焊接质量。"牛腿"安装完成后，将提升架吊装至"牛腿"上部进行定位安装；采用磁力线锤分别在 X、Y 方向进行垂直度校正，垂直度误差保证在 $L/1000$ 以内再进行焊接；焊接前检查焊缝坡口、焊道是否清洁，用钢丝刷将焊道内污物清理干净后进行焊接，焊接完成后进行探伤，探伤合格后提升架方可投入使用。提升架的拆除采用热切割，根据提升架质量用塔吊将其吊住，然后沿水平方向进行切割，将其与"牛腿"分离，再将提升架吊至地面。"牛腿"采用环切割方式拆除。

楼面提升塔架安装。塔吊标准节与预埋板标准节、转换梁的连接采用螺栓连接，转换梁与提升梁的连接采用焊接连接。楼面提升塔架安装程序如下：楼面预埋板定位放线→化学锚栓后植→楼面找平→预埋钢板安装→塔吊标准节安装→垂直度校正→转换梁、提升梁安装→提升塔架拆除。首先，由测量人员对提升塔架标高及轴线进行复核，根据设计图纸标识出预埋件、化学锚栓的定位线。采用冲击钻在化学锚栓植入处钻孔，要求孔径大于螺杆直径 3 mm，植入深度为 230 mm。钻孔完成后，用吹风机将孔内粉尘清除，将化学锚栓放入孔内，然后用冲击钻将螺杆旋转植入，直至药水溢出，静置等待强度达标。楼面找平采用水泥浆找平，待强度达标后安装预埋钢板。预埋钢板与塔吊标准节的连接采用在预埋钢板上穿孔塞焊螺栓的方法，其余连接位置同塔吊安装。垂直度校正工艺同柱顶提升塔架校正工艺。用塔吊将转换梁吊装至标准节顶面，用 8 颗高强螺栓将其固定，然后放置提升梁，与转换梁进行焊接。最后，将提升梁与转换梁用热切割分离，然后用塔吊将提升梁吊至地面，拆除塔架与转换梁之间的连接螺栓，将转换梁吊至地面，最后按由上至下的顺序拆除塔吊标准节、预埋钢板。

液压提升器安装。液压提升器安装到位后，应立即用临时固定板固定。先按图纸制作好固定板（每台提升器4块），A、B面用打磨机打磨光滑，使之能卡住提升器底座；再将固定板紧靠提升器底座，将C面同下部结构焊接，注意焊接时不得接触提升器底座。

导向架安装。导向架安装于液压提升器侧方，导向架的导出方向以方便安装油管、传感器和不影响钢绞线自由下坠为原则。导向架横梁以高出液压提升器天锚 1.5 m ~ 2 m、偏离液压提升器中心 5 cm ~ 10 cm 为宜。

专用底锚安装。每一台液压提升器对应一套专用底锚结构。底锚结构安装在提升下吊点临时吊具的内部，要求每套底锚与其正上方的液压提升器、提升吊点结构开孔垂直对应、同心安装。底锚固定板安装技术要求同提升器。

钢绞线安装。钢绞线采取由下至上的穿法，即从液压提升器底部穿入至顶部穿出。应尽量使每束钢绞线底部持平，穿好的钢绞线上端通过夹头和锚片固定。待液压提升器钢绞线安装完毕后，再将钢绞线束的下端穿入正下方对应的下吊点底锚结构内，调整好后锁定。每台液压提升器顶部预留的钢绞线应沿导向架朝预定方向疏导。

液压管路连接。液压泵源系统与液压提升器的油管连接时，油管接头内的组合垫圈应取出，对应管接头或对接头上应有O形圈；应先接低位置油管，防止油管中的油倒流出来。液压泵源系统与液压提升器间的油管要一一对应，逐根连接；依照方案制定的并联或串联方式连接油管且确保正确，接完后进行全面检查。

控制线、动力线连接。控制线、动力线的连接包括以下方面：各类传感器的连接；液压泵源系统与液压提升器之间的控制信号线连接；液压泵源系统与计算机同步控制系统之间的连接；液压泵源系统与配电箱之间的动力线连接；计算机控制系统电源线的连接。

网架拼装。首先根据图纸中球节点的坐标求出各下弦球的坐标和高差，再根据中心区待拼网架球的大小在楼面上砌砖垛，砖垛砌好后，在砖垛上分别测定中心线、十字线，在十字线上摆放钢管定位环（即短截钢管），确保中心线与十字线重合。下弦网格安装时，先进行下弦球的托架定位，定位采用全站仪测量控制，保证精度控制要求，将已通过验收的焊接球和螺栓球按规格、编号放入安装节点内，同时调整好球的受力方向与位置。一般将球水平中心线的环形焊缝置于赤道方向；将备好的钢管杆件，按规定的规格布置。放置杆件前，应检查杆件的规格、尺寸，以及坡口、焊缝间隙，然后将杆件放置在两个球之间，调整间隙，点焊固定。

将网架先组成封闭四方网格，控制好尺寸后，不断扩大。注意应控制累积误差，一般网格以负公差为宜。待下弦安装二到三拼后，即可安装腹杆及上弦球，安装时应先安装上弦球与四根腹杆，然后调整腹杆与下弦球的尺寸位置，待尺寸正确后再安装连接腹杆与下弦球。连接组装上弦杆时，如发现放入困难，可适当调整腹杆与下弦球位置，待上弦杆放入后，即可进行焊接操作。

网架扩展拼接方法。中心区拼装焊接完成后，利用球与杆之间的相互定位逐渐向外扩展拼接，杆件与球就位后先点焊固定，每个单元闭合后方可进行下一个单元的拼装。其程序如下：将下弦球、杆件摆放好并点焊固定；安装腹杆和上弦球并点焊固定；以下弦球为轴心旋转，旋转至上弦球达到就位位置；安装上弦杆；安装其他的上弦杆；安装上弦环向杆。由于网架结构采用楼面拼接的方法，在小拼单元拼装完成并对其安装精度检查合格后，利用连接在同一个焊接球上的四根杆件的长度作为控制指标，进行下一个焊接球的空间定位。网架的具体拼装步骤如图 5.28 所示。

步骤一：设置网架胎架平台支撑　　　　　步骤二：按安装图安装下弦球

步骤三：连接下弦杆

步骤四：将已拼装成的上弦球及
腹杆三角锥连接到下弦层

步骤五：连接第二网格上弦杆及腹杆

步骤六：将两网格安装成基本单元

步骤七：扩大基本单元

步骤八：安装腹杆

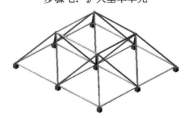

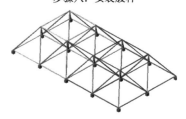

步骤九：拼装成较稳固基本单元

步骤十：扩大基本单元

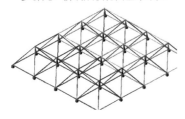

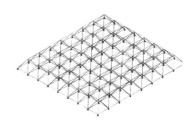

步骤十一：继续扩大基本单元

步骤十二：拼装成整体单元

图 5.28　网架拼装步骤

（7）网架提升施工。

基本思路。本工程中，钢结构的最大安装标高为+43.55 m，若采用分件高空散装，不但高空组装、焊接工作量大，现场机械设备很难满足吊装要求，而且所需高空组拼胎架难以搭设，存在很大的安全、质量风险。这种施工方式，不利于钢结构现场安装的安全、质量以及对工期的控制。根据以往类似工程的成功经验，若将结构在安装位置的正下方相应楼面上拼装成整体后，利用"超大型构件液压同步提升技术"将其整体提升到位，将大大降低安装施工难度，于结构的质量、安全、工期和施工成本控制等均有利。

钢结构提升具体思路。利用框架柱和预埋件设置提升平台（上吊点）；安装液压同步提升系统设备，包括液压泵源系统、提升器、传感器等；在提升单元屋面层杆件与上吊点对应的位置安装提升下吊点临时吊具；在提升上、下吊点之间安装专用底锚和专用钢绞线；调试液压同步提升系统；张拉钢绞线，使得所有钢绞线均匀受力；检查钢结构提升单元以及液压同步提升的所有临时措施是否满足设计要求；确认无误后，按照设计荷载的 20%、40%、60%、70%、80%、90%、95%、100%的顺序逐级加载，直至提升单元脱离拼装平台；提升单元提升约150 mm 后，暂停提升；微调提升单元的各个吊点的标高，使其处于对接所需标高，并静置4~12小时；再次检查钢结构提升单元以及液压同步提升临时措施有无异常；确认无异常情况后，开始正式提升；整体提升钢结构提升单元至接近安装标高时暂停提升；测量提升单元各点实际尺寸，与设计值核对并处理后，降低提升速度，继续提升钢结构接近设计位置，通过计算机系统的"微调、点动"功能，使各提升吊点均达到预定高度，满足对接要求。

网架安装施工工艺流程。施工准备→测量放线→一区网架拼装→提升支架及设备安装→一区网架提升至二层→网架在二层进行续拼→一区网架提升至柱顶→一区网架支座安装及卸载→一区网架悬挑安装→测量一区网架整体挠度及安装偏差→一区网架防腐补漆→一区网架结构完成。按照以上施工工艺流程将二区、三区及四区网架依次安装完成。

本方案优点。本工程中，屋盖结构采用超大型构件液压同步提升技术进行安装，该方案具有如下优点：屋盖结构在楼面整体拼装、整体提升，一步到位；屋盖结构主要的拼装、焊接及涂漆等工作在楼面进行，施工效率高，施工质量易于保证；采用"超大型构件液压同步提升技术"吊装屋盖结构，技术成熟，有大量类似工程经验可供借鉴，吊装过程的安全性有充分的保障；通过屋盖结构的整体液压提升吊装，将高空作业量降至最少，液压整体提升作业绝对时间较短，能够有效保证屋盖结构的安装工期；液压同步提升设备设施体积小、质量小，机动能力强，安装和拆除方便；提升支架、平台等临时设施结构利用原有结构设置，加上液压同步提升动荷载极小的优点，使得临时设施用量降至最少，有利于施工成本的控制。

一区网架提升流程。第一步：在 10 轴交 L、P 轴，6 轴交 L、P 轴，8 轴交 K、T 轴的柱顶设置正式支撑架提升平台，在 8 轴交 J 轴处设置提升临时塔架；在提升单元与上吊点对应的位置安装提升下吊点临时管，安装液压同步提升系统设备，包括液压泵源系统、提升器、传感器等；在提升上、下吊点之间安装专用底锚和专用钢绞线，调试液压提升系统，将提升单元试提升离地 500 mm，并静置 4~12 小时，暂停提升。本次提升质量为 229.4 t。第二步：检查钢结构提升单元，确认无异常情况后，调试液压提升系统，将提升单元整体提升至二层进行续拼，本次提升质量为 229.4 t。第三步：安装 8 轴交 H 轴正式提升平台，同时拆除 8 轴交 J 轴临时提升平台；再次检查钢结构提升单元，确认无异常情况后，调试液压提升系统，将提升单元整体提升到位。本次提升质量为 238.3 t。第四步：补装网架后装杆件；待结构形成整体受力后，将液压提升器顺序卸载；拆除提升设备及临时措施，提升作业完成。至此，一区网架结构提升完成，如图 5.29 所示。

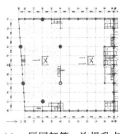

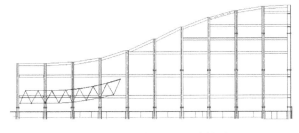

(a) 一区网架第一次提升点　　　　(b) 一区网架试提升纵向剖面

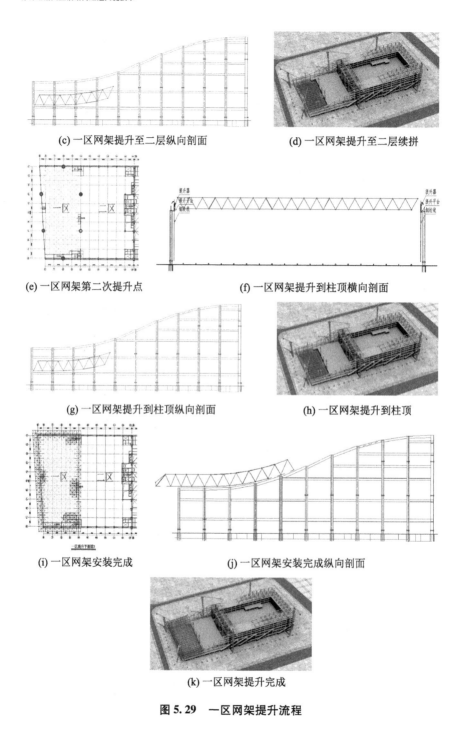

(c) 一区网架提升至二层纵向剖面　　　　　　(d) 一区网架提升至二层续拼

(e) 一区网架第二次提升点　　　　　　(f) 一区网架提升到柱顶横向剖面

(g) 一区网架提升到柱顶纵向剖面　　　　　　(h) 一区网架提升到柱顶

(i) 一区网架安装完成　　　　　　(j) 一区网架安装完成纵向剖面

(k) 一区网架提升完成

图 5.29　一区网架提升流程

二区网架提升流程。第一步：在 13 轴交 L、Q 轴处设置临时提升点，在 14 轴交 H、T 轴，15 轴交 L、Q 轴的柱顶设置支撑架提升平台；在提升单元与上吊点对应的位置安装提升下吊点临时管，安装液压同步提升系统设备，包括液压泵源系统、提升器、传感器等；在提升上、下吊点之间安装专用底锚和专用钢绞线，调试液压提升系统，将提升单元试提升离地 500 mm，并静置 4~12 小时，暂停提升。本次提升质量为108.7 t。第二步：检查钢结构提升单元，确认无异常情况后，调试液压提升系统；将 13~15 轴区域网架提升至满足 12~13 轴区域续拼高度，停止提升；将网架续拼至 12 轴。本次提升质量为170.8 t。第三步：增设 12 轴交 L、Q 轴临时提升点及 13 轴交 H、T 轴正式提升平台；检查钢结构提升单元，确认无异常情况后，调试液压提升系统；将 12~15 轴区域网架提升至满足 11~12 轴区域续拼高度，停止提升，将网架续拼至11 轴，同时拆除 13 轴交 L、Q 轴，14 轴交 H、T 轴临时提升系统。本次提升质量为233.6 t。第四步：增设 11 轴交 L、Q 轴设置临时提升点，检查钢结构提升单元；将 11~15 轴区域网架提升至满足 10~11 轴区域续拼高度，停止提升，进行网架续拼，同时拆除 12 轴交 L、Q 轴临时提升系统。本次提升质量为 296.5 t。第五步：增设 10 轴交 L、Q 轴设置提升点，将 10 轴处下弦球提升离地 500 mm，拆除 11 轴交 L、Q 轴临时提升点；检查钢结构提升单元，将 10~15 轴区域网架提升到就位高度，停止提升，将网架续拼至 16 轴。本次提升质量为 372.6 t。第六步：补装网架后装杆件，待结构形成整体受力后，将液压提升器顺序卸载；拆除提升设备及临时措施，提升作业完成。至此，二区网架结构提升完成，如图 5.30 所示。

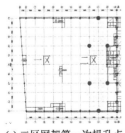

(a) 二区网架第一次提升点

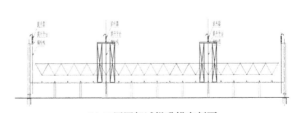

(b) 二区网架试提升横向剖面

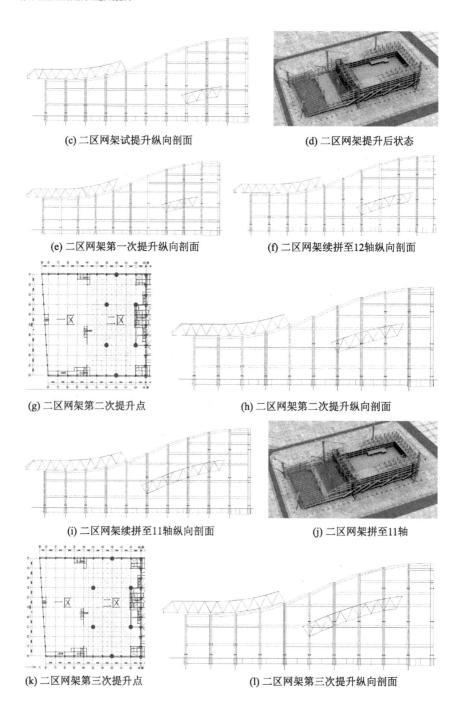

(c) 二区网架试提升纵向剖面

(d) 二区网架提升后状态

(e) 二区网架第一次提升纵向剖面

(f) 二区网架续拼至12轴纵向剖面

(g) 二区网架第二次提升点

(h) 二区网架第二次提升纵向剖面

(i) 二区网架续拼至11轴纵向剖面

(j) 二区网架拼至11轴

(k) 二区网架第三次提升点

(l) 二区网架第三次提升纵向剖面

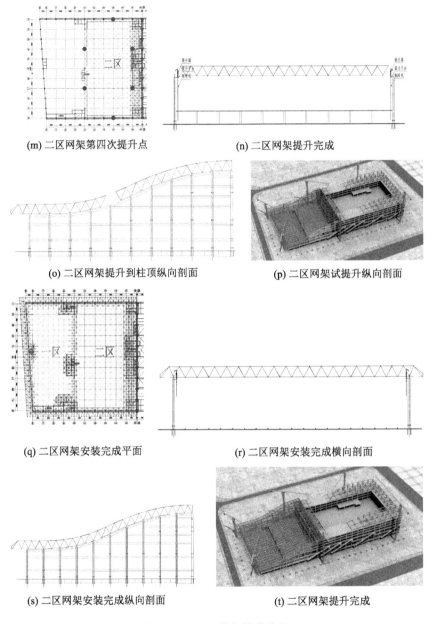

(m) 二区网架第四次提升点　　　　　　　(n) 二区网架提升完成

(o) 二区网架提升到柱顶纵向剖面　　　　(p) 二区网架试提升纵向剖面

(q) 二区网架安装完成平面　　　　　　　(r) 二区网架安装完成横向剖面

(s) 二区网架安装完成纵向剖面　　　　　(t) 二区网架提升完成

图 5.30　二区网架提升流程

　　三区网架提升流程。本区网架采用两次提升就位。第一步：在 18、20、22 轴交 K 轴，18、20 轴交 R 轴，17 轴交 M、P 轴处的柱顶设置支撑架提升平台，在 22 轴交 P 轴处设置临时提升塔架。在提升单元与上吊点对应的位置安装提升下吊点临时管，安装液压同步提升系统设备，包括液压泵源系统、提升器、传感器等；在提升上、下吊点之间安装专用底锚和专用钢绞线，调试液压提升系统；将提升单元试提升离地 500 mm，并静置 4~12 小时，暂停提升；稳定后，将网架提升至五层楼面，续拼 22~23 轴交 Q~R 轴网架。本次提升质量为 191.3 t。第二步：增设 22 轴交 R 轴提升点，21 轴交 R 轴处提升点在不受力后拆除；再次检查钢结构提升单元，确认无异常情况后，调试液压提升系统，将提升单元整体提升到网架就位处。本次提升质量为 197.9 t。第三步：将其他区域网架在屋面夹层楼面上继续拼装，补装网架后装杆件；当支座全部安装完成后，将液压提升器顺序卸载；拆除提升设备及临时措施，提升作业完成；然后在屋面操作平台进行网架续拼。至此，三区网架结构提升完成，如图 5.31 所示。

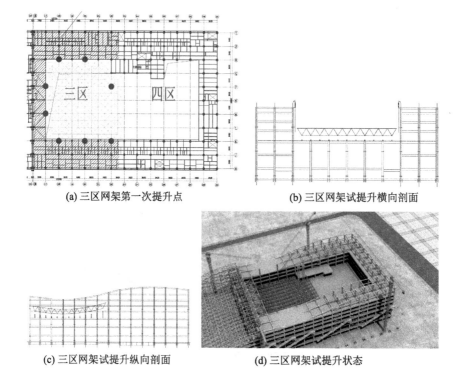

(a) 三区网架第一次提升点

(b) 三区网架试提升横向剖面

(c) 三区网架试提升纵向剖面

(d) 三区网架试提升状态

(e) 三区网架扩展拼装

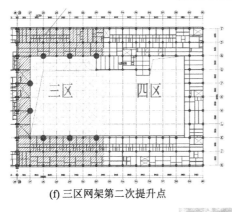

(f) 三区网架第二次提升点

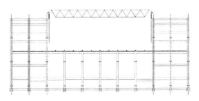

(g) 三区网架提升到柱顶横向剖面

(h) 三区网架试提升纵向剖面

(i) 三区网架提升完成

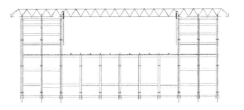

(j) 三区网架扩展安装

(k) 三区网架扩展安装完成横向剖面

111

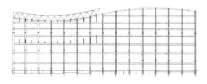

(l) 三区网架扩展安装完成纵向剖面   (m) 三区网架扩展安装完成整体状态

图 5.31　三区网架提升流程

四区网架提升流程。本区域网架采用两次提升。第一步：在 24、26、28 轴交 K 轴，28 轴交 R 轴，29 轴交 M、P 轴的柱顶设置支撑架提升平台，在 24、26 轴交 P 轴设置临时提升塔架；在提升单元与上吊点对应的位置安装提升下吊点临时管，安装液压同步提升系统设备，包括液压泵源系统、提升器、传感器等；在提升上、下吊点之间安装专用底锚和专用钢绞线，调试液压提升系统；将提升单元试提升离地 500 mm，静置 4~12 小时，暂停提升；稳定后，将网架提升至五层楼面，续拼23~26 轴交 Q~R 轴网架。本次提升质量为 182.9 t。第二步：增设 24、26 轴交 R 轴提升点，24、26 轴交 Q 轴处提升点在不受力后拆除；再次检查钢结构提升单元，确认无异常情况后，调试液压提升系统，将提升单元整体提升到网架就位处；然后进行支座网架续拼，工艺同三区网架的续拼。本次提升质量为 206.4 t。至此，四区网架结构提升完成，如图 5.32 所示。

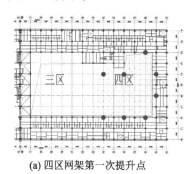

(a) 四区网架第一次提升点   (b) 四区网架第一次提升状态

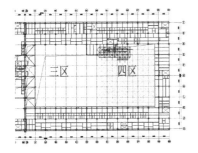

(c) 四区网架第一次提升后续拼

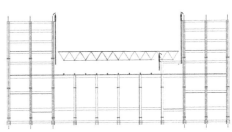

(d) 四区网架第一次提升续拼后横向剖面

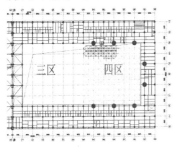

(e) 四区网架第一次提升后续拼纵向剖面

(f) 四区网架第一次提升续拼后状态

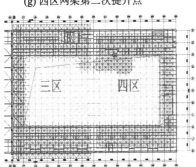

(g) 四区网架第二次提升点

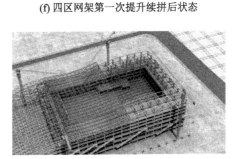

(h) 四区网架第二次提升状态

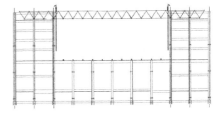

(i) 四区网架第二次提升后续拼前

(j) 四区网架第二次提升后续拼前横向剖面

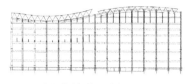 

(k) 四区网架第二次提升后续　　　　　(l) 四区网架第二次提升续拼后状态
拼前纵向剖面

图 5.32　四区网架提升流程

5.2.3　网架结构安装设备和施工技术

1. 超大型构件液压同步提升设备

在武汉盛世国际文体项目工程施工前，工程团队已有多次采用液压同步提升技术进行大跨度空间结构吊装的成功经验。本工程采用液压同步整体提升的新型吊装工艺，为配合本工艺的先进性和创新性，超大型构件液压同步提升技术主要使用如下关键设备：TS120D-300 型液压提升器；CPDY7-4D 型液压泵源系统；TSC40-4D 型计算机同步控制系统。

提升设备（包括钢绞线）在提升作业过程中，如无外界影响，一般无须特别保护（大雪、暴雨等天气除外），但构件在提升到位暂停进行杆件安装时，应予以适当的保护，此处所说构件主要为承重用的钢绞线。特别是在焊接作业时，钢绞线不能作为导体通电，如焊接作业距离钢绞线较近，焊接区域的钢绞线可采用橡胶或石棉布予以保护。

2. 超大型构件液压同步提升技术

（1）技术特点。

液压同步提升技术具有如下特点：可以通过提升设备的扩展与组合，使提升质量、跨度、面积不受限制；采用柔性钢绞线承重，只要有合理的承重吊点，可使提升高度不受限制；液压提升器锚具有逆向运动自锁性，可使提升过程十分安全，并且构件可以在提升过程中的任意位置长期、可靠锁定；液压提升器通过液压回路驱动，动作过程中的加速度极小，对被提升构件及提升框架结构几乎无附加动荷载；液压提升设备体积小、自重轻、承载能力大，特别适用于在狭小空间或室内进行大吨位构件牵引安装；设备自动化程度高，操作方便、灵活，安全性好，可靠性高，使用面广，通用性强。

（2）液压提升原理。

液压同步提升技术采用液压提升器作为提升机具，柔性钢绞线作为承重索具。液压提升器为穿芯式结构，以钢绞线为提升索具，具有安全、可靠，承重件自身质量轻，运输和安装方便，中间不必镶接等一系列独特优点。液压提升器两端的楔型锚具具有单向自锁作用。当锚具工作（紧）时，会自动锁紧钢绞线；锚具不工作（松）时，放开钢绞线，钢绞线可上下活动。液压提升原理如图 5.33 所示，一个流程对应液压提升器的一个行程。当液压提升器周期重复动作时，被提升重物一步步向上移动。

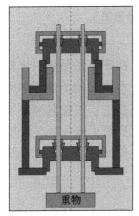

第1步：上锚紧，夹紧钢绞线

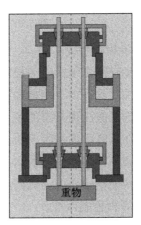

第2步：提升器提升重物

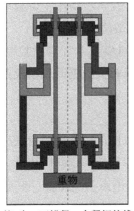

第3步：下锚紧，夹紧钢绞线

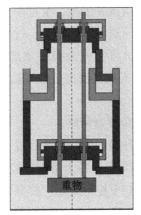

第4步：主油缸微缩，上锚片脱开

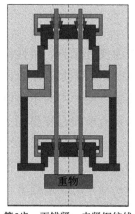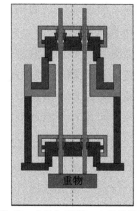

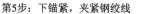

第5步：下锚紧，夹紧钢绞线　　　第6步：主油缸微缩，上锚片脱开

图5.33　液压提升原理

（3）同步控制系统。

液压同步控制系统由动力控制系统、功率驱动系统、计算机控制系统等组成，主要具有以下两种控制功能：① 集群提升器作业时的动作协调控制。无论是液压提升器的主油缸，还是上、下锚具油缸，在提升工作中都必须在计算机的控制下协调动作，为同步提升创造条件。② 通过调节变频器频率控制提升器的运行速度，保持被提升构件的各点同步运行，以保持网架空中姿态完成同步提升。

（4）计算机控制系统。

液压同步提升技术采用行程及位移传感监测和计算机控制，通过数据反馈和控制指令传递，全自动实现一定的同步动作、负载均衡、姿态矫正、应力控制、操作闭锁、过程显示和故障报警等功能。

操作人员可在中央控制室通过液压同步提升计算机控制系统（见图5.34）的人机界面进行液压提升过程及相关数据的观察及控制指令的发布。

（5）同步控制策略。

液压提升同步控制应满足以下要求：① 尽量保证各台液压提升设备均匀受载；② 保证各个吊点在提升过程中保持一定的同步性。根据以上要求，制定如下控制策略：提升时，令主吊点为主令点，其余各吊点均为从令点。将主令点处液压提升器的速度（流量）设定为标准值，作为同步控制策略中速度和位移的基准。在计算机的控制下，各从令点以速

116

度（流量）来动态跟踪比对主令点，保证各提升吊点在钢结构整体液压提升过程中始终同步，确保整体结构在整个提升过程中的平稳。

图 5.34　液压同步提升计算机控制系统

（6）同步控制原理。

计算机同步控制原理如图 5.35 所示。

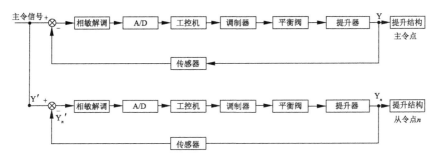

图 5.35　计算机同步控制原理图

（7）液压提升控制策略。

为确保屋盖结构及提升支架提升过程中的安全，根据屋盖结构的特性，拟采用"吊点油压均衡，结构姿态调整，位移同步控制，分级卸载就位"的同步提升和卸载落位控制策略。

同步吊点设置。设置若干个同步提升吊点，每个吊点处依据提升器数量设置位移同步传感器。计算机控制系统根据传感器的位移检测信号建构"传感器—计算机—泵源比例阀—液压提升器—钢结构屋盖"闭环系统，控制整个提升过程的同步性。

吊点油压均衡。每一吊点处的各液压提升器并联设置，对每个提升吊点的各液压提升器施以均衡的油压，使这些吊点以恒定的载荷力向上提升。

提升分级加载。以主体结构理论载荷为依据，对各提升吊点处的提升设备进行分级加载，加压依次为所需压力的 20%、50%、80%，在确认各部分无异常的情况下，可继续加压到 100%，直至屋盖结构全部离地（胎架）。

离地检查。屋盖结构离地后，在空中停留 4~12 小时作全面检查（包括吊点结构、承重结构体系和提升设备等），并将检查结果以书面形式报告工程指挥部。

分级卸载就位。待所有结构对接处安装、焊接并探伤合格后，逐点分级卸载屋盖结构。

提升过程的微调。为保证屋盖结构精确安装，在屋盖结构提升及下降过程中，需要进行高度微调。在微调开始前，将计算机同步控制系统由自动模式切换成手动模式，根据需要对整个钢结构提升系统的所有液压提升器进行同步微动（上升或下降），或者对单台液压提升器进行微动调整。微动（即点动）调整精度可以达到毫米级，完全可以满足屋盖结构安装的精度需要。

（8）液压提升速度及加速度。

屋盖结构整体液压同步提升的垂直速度取决于液压泵站的流量、锚具切换和其他辅助工作所占用的时间。本工程中，液压同步提升速度为 3~5 m/h。液压同步提升作业过程中，提升力由液压提升器提供。在液压提升器启动直至停止的过程中，由于液压系统的特性以及计算机程序控制的原因，提升速度的增加或减少非常缓慢，即加速度极小，以至于可以忽略不计，这为安全提升平台结构和屋盖结构等提供了保障。

（9）液压提升系统的检查。

液压提升系统安装完成后，按下列步骤进行检查：检查泵站上所有阀或硬管的接头是否有松动；检查溢流阀的调压弹簧是否处于完全放松状态；检查泵站与液压提升器之间的电缆线连接是否正确；检查泵站与液压提升主油缸之间的油管连接是否正确。系统送电后，检查液压泵主轴转动方向是否正确。在泵站不启动的情况下，手动操作控制柜中相应按钮，检查电磁阀和截止阀的动作是否正常，以及截止阀编号和液压提升器编号是否对应等。

　　液压提升前检查：启动泵站，调节一定的压力（2~3 MPa），伸缩提升油缸；检查 A 腔、B 腔的油管连接是否正确；检查截止阀能否截止对应的油缸。

　　预加载：调节一定的压力（2~3 MPa），使锚具处于基本相同的锁紧状态。

　　（10）结构液压提升。

　　完成所有准备工作，且经过系统的、全面的检查确认无误，经现场吊装总指挥下达吊装命令后，可进行屋盖结构的液压整体提升。

　　分级加载（试提升）。 先进行分级加载试提升，在试提升过程中对屋盖结构、提升设施、提升设备系统进行观察和监测，确认符合模拟工况计算和设计条件，以保证提升过程的安全。初始提升时，各吊点提升器伸缸压力应缓慢分级增加，加压依次为所需压力的 40%、60%、80%、90%，在一切稳定的情况下，可加压到 100%，即屋盖结构试提升离开拼装胎架。在分级加载过程中，每一步分级加载完毕后，均应暂停并检查上吊点平台（提升支架、斜撑等）、下吊点等加载前后的变形情况，以及支承柱、桁架整体的稳定性等情况（由相关单位执行）。若一切正常，则继续下一步分级加载。当分级加载至屋盖结构即将离开拼装胎架时，可能存在各点不同时离地的情况，此时应降低提升速度并密切观察各点离地情况，必要时作"单点动"提升，以确保屋盖结构离地平稳、各点同步。

　　分级加载完毕，提升屋盖结构离开拼装胎架约 15 cm 后暂停，空中停留 4~12 小时并全面检查各设备运行及构件是否正常，如上吊点平台（提升支架、斜撑等）、下吊点等提升前后的变形情况，每一吊点的提升器受载均匀情况，以及混凝土柱、屋盖结构整体的稳定性情况等（由相关单位执行）。如果一切正常，则继续提升。

　　正式提升。 试提升阶段一切正常情况下，可以开始正式提升。在整个同步提升过程中应随时检查：每一吊点的提升器受载均匀情况；上吊点平台的整体稳定情况；屋盖结构提升过程的整体稳定性；计算机控制各吊点的同步性。提升承重系统是提升工程的关键系统，务必做到对提升承重系统进行认真检查。

　　检查重点部件。 主要包括：锚具是否有脱锚情况，锚片及其松锚螺钉是否紧固；导向架中钢绞线穿出是否顺畅；主油缸及上、下锚具油缸是否有泄漏及其他异常情况；液压锁（液控单向阀）、软管及管接头是否正常；行程传感器和锚具传感器及其导线是否完好。

液压动力系统监视。液压动力系统监视包括：系统压力变化情况；油路泄漏情况；油温变化情况；油泵、电机、电磁阀线圈温度变化情况；系统噪音情况。

网架提升就位。网架提升至设计位置后，空中停留，微调各吊点使网架精确提升到设计位置，安装就位支座及其他杆件，最终使网架整体坐落于各柱柱顶上，即网架整体安装就位。卸载、拆除液压提升系统设备，即完成网架的提升安装。

（11）不利因素及对策。

液压提升过程中的提升力控制。根据预先计算得到的液压同步提升工况各吊点液压提升力数值，在计算机同步控制系统中对每台液压提升器的最大提升力进行设定。当遇到提升力超出设定值的工况时，液压提升器自动采取溢流卸载，以防止各吊点局部应力超出设计值或提升荷载分布严重不均的现象，造成对永久结构及临时设施的破坏。

液压提升过程中的空中停留。钢结构从开始整体提升至支座就位的过程需要持续几个工作日，提升过程中的高空对接、支座就位卸载，使得钢结构需要在空中有较长时间的停留。液压同步提升器在设计中独有的机械和液压自锁装置，保证了钢结构在吊装过程中能够长时间停留在空中。

工程施工场地一般比较空旷，且风力较大。虽然钢结构属于镂空结构，风荷载对提升吊装过程影响较小，但为了确保钢结构在提升过程中绝对安全，并考虑高空对口精度和调整的需要，在钢结构空中停留时，可通过导链将钢结构各吊点处与邻近永久结构连接，起到限制钢结构水平摆动和微调的作用。

（12）液压提升过程中的故障应急措施。

电源故障。突然停电时，各泵源控制阀自动关闭，提升器液压锁自动锁紧，上、下锚处于锁紧状态，即使液压系统失压，平衡阀能可靠锁住负载，保证主油缸活塞杆不下沉。停电后恢复供电时，系统将自动处于安全停止状态，重新调试后方可继续提升作业。

液压油管故障。油管的损坏主要包括运输过程中的损坏和提升过程中的损坏,具体应急措施如下:油管运输到现场后,应立即检查油管有无破损、接头位置是否完好,若发现问题,立即进行更换;提升过程中,若油管爆裂,应立即停止提升作业,关闭爆裂油管的阀门,接着更换爆裂位置的油管,并确认连接正常,同时检查其他位置油管的连接部位是否可靠;故障排除后,恢复系统,进行系统调试,继续提升。

液压提升器故障。在液压提升过程中,液压提升器主要存在漏油的故障,当提升器出现异常情况时,应立即停止提升作业,关闭所有阀门;专业人员对漏油设备的漏油位置进行全面检查,根据检查结果更换垫圈、阀门等配件;若在短时间内检修无效,应人工锁紧提升器安全锚,使缩缸将提升载荷转移到安全锚上,经确认荷载转移后松开提升器上、下锚,更换提升器本体。

钢绞线断丝故障。在液压提升过程中,若出现钢绞线断丝情况,应卸去断丝钢绞线的提升器上锚片,以正常方式同步提升,使该断丝钢绞线卸载,再去除该钢绞线。由于武汉盛世国际文体项目工程钢绞线余量较大,因此可利用剩余钢绞线继续提升。

液压泵源故障。泵站作为提升系统的动力源,由液压泵和电气系统两部分组成,主要故障表现为停止工作、漏油,以及电机出现故障。应急措施如下:当泵站停止工作时,检查电源是否正常,尤其是现场电压源是否稳定;检查泵站各个阀门的开闭情况,确保全部阀门处于开启状态;检查智能控制器是否正常。当泵站出现漏油现象时,关闭所有阀门,停止提升,迅速检查确认漏油的部位,更换漏油部位的垫圈。当电机出现故障时,专业人员应立即检查电机的电源是否正常,检查电机的线路是否正常。故障排除后,恢复系统,进行系统调试,调试完成后,继续提升。

传感器故障。当传感器发生故障时,控制系统界面会自动报警,操作人员可及时发现;若在短时间内检修无效,应更换传感器。需要说明的是,传感器故障对钢结构的整体提升安全性不会造成影响。

控制系统故障。当控制系统发生故障时,应准确判断故障点。若在短时间内检修无效,应更换系统零件、部件乃至整套系统。

提升支架（下吊具）故障。提升支架应按照设计要求安装且经过严格的焊缝质量检测，检测合格后方可加载使用。支架加载要先根据结构的提升程序进行试提升及静载观测，在试提升及静载观测阶段确认安全后方可正常加载。若提升支架安装后的焊缝质量经检测不符合设计要求，则临时支架不得加载使用，必须对支架进行焊缝返修，焊缝质量合格后方可进行加载。若发现提升支架在结构试提升及静载观测阶段有质量问题，应在确保安全的前提下立即卸载，对造成质量问题的原因进行分析，找出原因，然后制定针对性的安全技术措施进行加固改进，直到提升支架经再次试提升及静载观测无任何安全质量问题，方可正常加载施工。

其他故障。在液压提升过程中，任何监测人员若发现有异常情况都可随时叫停，但提升的重新启动必须由现场总指挥下达指令，其他人不得擅自重新启动提升作业。

（13）液压提升过程的环境影响。

雨天停止高空作业，大雨停止现场作业，提前做好泵站和电气设备的防雨措施；空气湿度超过80%时，为防止控制系统电气线路短路，应及时断电，停止吊装作业；如遇大风天气（六级以上），停止提升作业，将钢连廊通过导链与主楼钢框柱固定牢靠；晚上禁止高空和提升作业，提升楼面准备工作除外。

5.3 施工阶段分析与印证研究

根据武汉盛世国际文体项目的工程结构形式、特点以及工作面交付顺序，屋面结构主体采用分区施工、逐区推进的施工流程。结构施工顺序如下：一区网架、马道、主檩条安装提升→二区网架、马道、主檩条安装提升→三区网架、马道、主檩条安装提升→四区网架、马道、主檩条安装提升。网架安装施工工艺流程如下：施工准备→测量放线→一区网架拼装→提升支架及设备安装→一区网架提升至二层→网架在二层进行续拼→一区网架提升至柱顶→一区网架支座安装及卸载→一区网架悬挑安装→测量一区网架整体挠度及安装偏差→一区网架防腐补漆→一区网架结构完成。二区、三区及四区网架的安装施工工艺流程按照以上程序。钢架结构提升施工顺序见表5.3。

表 5.3　钢架结构提升施工顺序

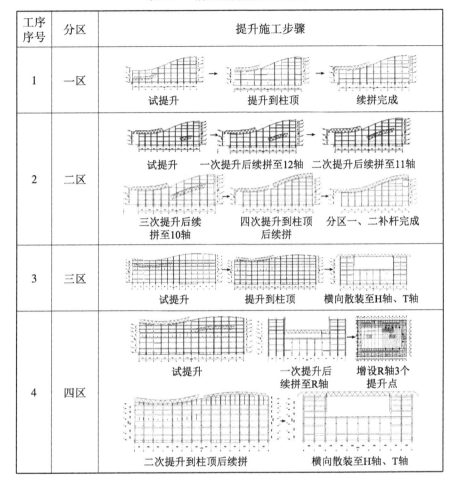

工序序号	分区	提升施工步骤		
1	一区	试提升	提升到柱顶	续拼完成
2	二区	试提升　一次提升后续拼至12轴　二次提升后续拼至11轴		
		三次提升后续拼至10轴　四次提升到柱顶后续拼　分区一、二补杆完成		
3	三区	试提升	提升到柱顶	横向散装至H轴、T轴
4	四区	试提升　一次提升后续拼至R轴　增设R轴3个提升点		
		二次提升到柱顶后续拼　横向散装至H轴、T轴		

1. 钢结构施工过程分析

（1）分析方法。

传统的分析方法都是以竣工后的整体结构为分析对象，将结构荷载一次性施加在结构上进行计算，如果计算时得到的结果与实际情况不符，则考虑是不是忽略了分区安装、分步顶升网架过程中扩展安装引起的分段加载影响，施工中的每一步，结构刚度、质量和施工荷载及其作用下的结构应力和位移均不相同。

施工阶段分析被认为是一种非线性静力分析，因为在分析过程中结构和荷载会发生变化，所以要求既可以增加和去除部分结构，又可以选择性地施加荷载到结构的一部分。阶段施工加载用来模拟施工过程中结构的刚度、质量、荷载等不断变化的过程，对每个定义的施工阶段分析一次，每次分析都是在上一次分析结果的基础上进行的。在程序中，施工过程的每个阶段由一组称为有效组的构件来表示，当分析结构从上一个阶段到下一个阶段发生变化时，应根据定义阶段的情况，判断哪些构件是新添加的、哪些是被去除的，以及哪些是没有变化的。对于不同的构件，应进行不同的操作。

对于新添加的构件，考虑到该构件从一个初始无应力的状态到有荷载施加的状态，应将它的刚度与质量添加到结构上。对于移除的构件，它们的刚度与质量立刻从结构中移除，应将被移除的构件所承受的所有力转移到剩余结构的连接点上，在随后的阶段分析过程中再将这些转移到连接点上的荷载逐渐从结构中移走。对于没有变化的构件，则继续保持其在前阶段中的状态。荷载工况中，指定的荷载能够有选择地施加到被保留的构件上。如果移除一个构件并在随后的一个阶段再添加，它将以其初始的无应力的状态重新开始分析。

（2）施工过程分析。

为确保网架结构施工阶段的每个施工步受力满足承载力和结构刚度的要求，避免产生安全事故或结构不可恢复的变形，书中选取武汉盛世国际文体项目二区为例，将施工过程划分为 8 个施工步，对结构进行施工阶段分析，得到了 2 种不同的有限元软件分析结果。通过对比各施工阶段末的结构应力和变形结果，进行相互印证得出结论，从而指导结构的施工，确保工程施工安全，具体见表5.4。

由表5.4可知，在二区提升过程中，Z 向最大位移均满足规范要求，但在第3、5、7施工步中，杆件应力比超过了0.9。对比分析后发现，应力比较大的杆件均出现在临时提升架附近，特别是 12~15 轴交 K~M 轴和 12~15 轴交 P~R 轴区域内的杆件。为确保施工安全，应对应力比较大的杆件进行加强，确保加强后所有杆件在各施工步的最大应力比均低于0.9。

表 5.4 二区各施工步结构分析结果

序号	施工步	计算模型	最大应力比			Z 向最大位移/mm			结论
			软件 1	软件 2	误差	软件 1	软件 2	误差	
1	一次提升		0.434	0.460	5.7%	38.031	42.120	9.7%	最大应力比 0.460<1；Z 向最大位移 38.031 mm<悬挑长度/125,满足要求
2	一次提升后续拼		0.800	0.890	10.1%	87.172	92.560	5.8%	最大应力比 0.890<1；Z 向最大位移 87.172 mm<悬挑长度/125,满足要求
3	二次提升		0.984	0.890	10.6%	39.612	42.130	6.0%	最大应力比 0.984<1；Z 向最大位移 39.612 mm<悬挑长度/125,满足要求
4	二次提升后续拼		0.790	0.720	9.7%	31.369	33.233	5.6%	最大应力比 0.790<1；Z 向最大位移 31.369 mm<悬挑长度/125,满足要求

续表

序号	施工步	计算模型	最大应力比			Z向最大位移/mm			结论
			软件1	软件2	误差	软件1	软件2	误差	
5	三次提升		0.968	0.890	-8.8%	53.583	58.549	8.5%	最大应力比0.968<1; Z向最大位移53.583 mm<悬挑长度/125,满足要求
6	三次提升后续拼		0.821	0.850	3.4%	67.479	73.334	8.0%	最大应力比0.850<1; Z向最大位移67.479 mm<悬挑长度/125,满足要求
7	四次提升		0.927	0.930	0.3%	55.365	61.157	9.5%	最大应力比0.930<1; Z向最大位移55.365 mm<悬挑长度/125,满足要求
8	四次提升后续拼		0.700	0.780	10.3%	34.148	37.124	8.0%	最大应力比0.780<1; Z向最大位移34.148 mm<悬挑长度/125,满足要求

对比两种不同有限元分析软件的计算结果，最大应力比误差均在10%左右或者更低，Z 向最大位移误差均在 10% 以内。由此可知，采用不同的有限元软件进行结构分析，由于软件内置的单元类型、单元参数、单元划分存在一定的区别，计算结果存在一定的误差，但其误差基本在较小范围内，因而计算结果仍具有较高的施工指导应用价值。

2. 主要结论

采用同步提升技术进行安装具有显著优点，通过对武汉盛世国际文体项目工程的分区提升法安装和施工阶段进行分析，并对分析结果进行对比印证，可以得出以下结论：

（1）采用超大型构件液压同步提升技术安装屋盖网架结构，技术成熟，有大量类似工程经验可供借鉴，安全性有充分的保障。

（2）通过对超大型网架结构采用分区安装的方式，可以将比较复杂的下部结构条件进行简化，减少高空作业量，降低安装难度，缩短提升作业绝对时间，能够有效保证施工工期。

（3）采用有限单元法对结构安装各施工步进行结构分析，利用分析结果可以有效判断工程安装过程中结构的可靠程度，可以有效指导空间网格结构的提升法施工安装。

（4）采用不同的有限元分析软件进行结构分析，计算结果虽然存在一定的误差，但其误差基本在较小范围内，计算结果仍具有较高的施工指导应用价值。

参考文献

［1］宋杰，张传儒，等．盛世国际文体项目钢结构工程施工方案［Z］．2023.

［2］北京金土木软件技术有限公司，中国建筑标准设计研究院．SAP2000 中文版使用指南［M］．北京：人民交通出版社，2006.

［3］戚豹，康文梅．施工阶段非线性分析在惠阳体育会展中心施工中的应用［J］．建筑科学，2011，27（3）：90-93.

［4］周海兵，刘美霞，杨大彬，等．大跨空间钢结构数字化建模关键技术与应用［J］．建设科技，2023（19）：70-74.

［5］沈世钊，武岳．结构形态学与现代空间结构［J］．建筑结构学报，2014（4）：1-10.

［6］MUNGAN I, BAGNERIS M. Fifty years of progress for shell and spatial structures in celebration of the 50 ～（th）anniversary jubilee of the IASS（1959—2009）Ihsan Mungan and John F. Abel Editors［J］. International Journal of Space Structures, 2012, 27（2-3）：185-188.

［7］SCHEK H J. The force density method for form finding and computation of general networks［J］. Computer Methods in Applied Mechanics and Engineering, 1974, 3（1）：115-134.

［8］朱忠义，束伟农，周忠发，等．北京大兴国际机场航站楼中心区屋盖钢结构设计的关键问题［J］．建筑结构学报，2023，44（4）：1-10.

［9］王春华，王国庆，朱忠义，等．首都国际机场 T3 号航站楼结构设计［J］．建筑结构，2008，38（1）：16-24.

［10］陈建锋，董权锋，郭孟华，等．铜仁市奥体中心体育馆钢屋盖施工模拟分析［J］．空间结构，2022，28（4）：64-71.

［11］田黎敏，郝际平，郑江，等．大跨度复杂钢结构施工力学模

拟的研究与应用 [J]. 西安建筑科技大学学报（自然科学版），2012
（3）：324-330.

[12] 赵中伟，陈志华，王小盾，等. 于家堡交通枢纽站房网壳施工仿真分析与监测 [J]. 建筑结构学报，2015（1）：136-142.

[13] 田黎敏，郝际平. 深圳湾体育中心钢结构施工非线性时变有限元分析 [J]. 建筑结构学报，2014（10）：137-143.